北京园林植物花粉扫描电镜图谱

周江鸿　夏菲　车少臣　著

中国林业出版社

图书在版编目(CIP)数据

北京园林植物花粉扫描电镜图谱 / 周江鸿, 夏菲, 车少臣著. -- 北京 : 中国林业出版社, 2022.10
ISBN 978-7-5219-1681-2

Ⅰ. ①北… Ⅱ. ①周… ②夏… ③车… Ⅲ. ①园林植物—花粉—扫描电子显微术—北京—图谱 Ⅳ. ①S680.1-64②Q944.58-64

中国版本图书馆CIP数据核字(2022)第079152号

中国林业出版社·自然保护分社

策划编辑：刘家玲

责任编辑：甄美子

出版 中国林业出版社（100009 北京市西城区刘海胡同 7 号）
http://www.forestry.gov.cn/lycb.html 电话：（010）83143616

印刷 北京中科印刷有限公司

版次 2022 年 10 月第 1 版

印次 2022 年 10 月第 1 次印刷

开本 787mm × 1092mm 1/16

印张 8

字数 200 千字

定价 80.00 元

著者名单

北京市园林绿化科学研究院

周江鸿　夏　菲　车少臣　王建红
仇兰芬　张国锋　邵金丽　仲　丽
李　广　李　薇　刘　倩　任斌斌
李新宇

北京市气象服务中心

叶彩华　尤焕苓

北京市颐和园管理处

李　洁

北京市天坛公园管理处

刘育俭　张　卉

前言

园林植物是城市中唯一有生命的基础设施，承担着改善城市生态环境、维护公众健康、优化人居环境等重要功能。春天，万物生长，百花盛开，景色优美，令人赏心悦目；然而，大量植物开花带来的花粉过敏问题也引起了广泛的关注。

开花、传粉、结实是植物繁衍后代的过程，其中靠风传播花粉的植物称为风媒植物，一般没有颜色鲜艳的花被，也没有蜜腺和香味，其花粉量大、细小光滑、干燥而轻，可长时间飘浮在空气中，是引发过敏症的主要花粉类型。靠昆虫传播花粉的植物称为虫媒植物，一般具有鲜艳美丽的花被，有蜜腺和芳香气味，其花粉粒大、量少，表面常具有突起的刺，并且常粘集成块、无法长时间在空气中飘浮，一般不会引发过敏症状。为了普及常见园林植物及花粉形态的基本知识，使公众能够更好地认识风媒植物花粉与虫媒植物花粉的差异，我们编写了这本《北京园林植物花粉扫描电镜图谱》。

为了便于读者了解不同月份开花的植物及其花粉形态，本书参考了殷广鸿主编《公园常见花木识别与欣赏》的内容编排方法，按照北京地区植物开花月份介绍植物及花粉的形态特征，每个月份按科名的拼音顺序排列，同一科中再按植物名称的拼音顺序排列。

本书选取了北京公园和绿地中常见植物105种，包括木本植物30科60种，草本植物23科45种，其中风媒植物61种，虫媒植物44种。每种植物一般有4幅图片，其中一幅是花或花序的照片，其余分别是花粉粒的极面观、赤道面观、萌发沟（孔）或外壁表面纹饰的扫描电镜照片。书中所有图片均由本书著者拍摄，有些图片质量可能不尽人意，敬请读者谅解。书中植物、花及花粉形态的文字描述部分参考和引用了有关书籍、文献和百度百科资料，在此向各位原作者表示深深的谢意！同时，也感谢北京市科技计划课题“北京地区主要气传致敏花粉浓度智能监测及预报技术研究”（Z191100009119013）和“北方地区城市背景下多尺度绿化生态效益评价体系的研究及建立”（D171100007117001）的资助。

由于时间仓促，加之水平有限，错谬之处恐难避免，敬请广大读者批评指正。

周江鸿

2022年2月

目录

前言

01 3月开花植物

柏科：侧柏 /2　沙地柏 /3　圆柏 /4
禾本科：画眉草 /5　早熟禾 /6
红豆杉科：矮紫杉 /7
木兰科：白玉兰 /8　二乔玉兰 /9　望春玉兰 /10
木犀科：迎春花 /11
槭树科：青竹复叶槭 /12
三尖杉科：粗榧 /13
莎草科：涝峪薹草 /14　细叶薹草 /15
杨柳科：垂柳 /16　旱柳 /17　加拿大杨 /18　毛白杨 /19　新疆杨 /20
榆科：大叶榆 /21　家榆 /22　青檀 /23　小叶朴 /24

02 4月开花植物

柽柳科：柽柳 /26
杜仲科：杜仲 /27
禾本科：看麦娘 /28
胡桃科：核桃 /29
桦木科：白桦 /30　鹅耳枥 /31
菊科：蒲公英 /32
木兰科：杂交马褂木 /33

木犀科： 金枝白蜡 /34　京黄洋白蜡 /35　秋紫白蜡 /36　绒毛白蜡 /37　洋白蜡 /38

蔷薇科： 碧桃 /39　日本晚樱 /40

壳斗科： 槲栎 /41　蒙古栎 /42　栓皮栎 /43

桑科： 构树 /44　桑树 /45

杉科： 水杉 /46

松科： 油松 /47　云杉 /48

小檗科： 紫叶小檗 /49

悬铃木科： 二球悬铃木 /50　一球悬铃木 /51

玄参科： 毛泡桐 /52

银杏科： 银杏 /53

榆科： 大叶榉 /54

03

5月开花植物

车前科： 平车前 /56

唇形科： 荆芥 /57

禾本科： 白茅 /58　臭草 /59　鹅观草 /60　高羊茅 /61　披碱草 /62　日本看麦娘 /63　银边芒 /64

锦葵科： 蜀葵 /65

菊科： 抱茎苦荬菜 /66　日光菊 /67

苦木科： 臭椿 /68

藜科： 灰藜 /69　菊叶香藜 /70

蓼科： 皱叶酸模 /71

柳叶菜科： 美丽月见草 /72　山桃草 /73

木犀科： 暴马丁香 /74

七叶树科： 七叶树 /75

蔷薇科： 月季 /76

茄科： 矮牵牛 /77

十字花科： 播娘蒿 /78

松科： 白皮松 /79　华山松 /80
苋科： 反枝苋 /81
玄参科： 大花毛地黄 /82　金鱼草 /83　穗花婆婆纳 /84
鸭跖草科： 紫露草 /85
罂粟科： 花菱草 /86

04 6月开花植物

白花菜科： 醉蝶花 /88
椴树科： 蒙椴 /89
含羞草科： 合欢 /90
葡萄科： 五叶地锦 /91
石竹科： 肥皂草 /92　石竹 /93

05 7月开花植物

百合科： 麦冬 /96　萱草 /97
唇形科： 假龙头 /98
蝶形花科： 国槐 /99
桔梗科： 桔梗 /100
锦葵科： 木锦 /101
景天科： 景天三七 /102
菊科： 一枝黄花 /103
千屈菜科： 千屈菜 /104　紫薇 /105
无患子科： 栾树 /106

06 8月开花植物

禾本科： 虎尾草 /108
茜草科： 茜草 /109

07

9 月开花植物

菊科：青蒿 /112

桑科：葎草 /113

08

11 月开花植物

松科：雪松 /116

主要参考文献/117

01

3月
开花植物

柏科

侧柏

柏科侧柏属常绿乔木，又称扁柏，原产于我国北部，北京广泛栽植，且古树众多，1987年被定为北京的市树。小枝扁平，全为鳞形叶。花单性，雌雄同株，球花生于枝顶，雄球花2月开始膨大。风媒花，花期3月，球果当年10月成熟。

花粉粒球形或扁球形，直径20.90～26.90μm，平均24.19 ± 0.46μm。萌发孔不明显，远极面具薄壁区，易凹陷。外壁表面具细颗粒状纹饰，乌氏体分布不均匀，易脱落。

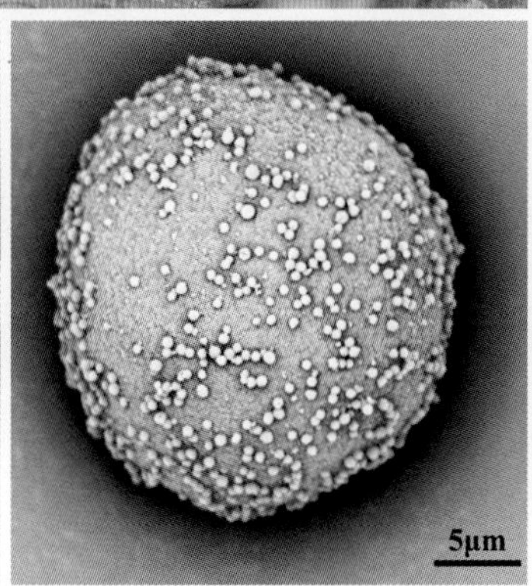

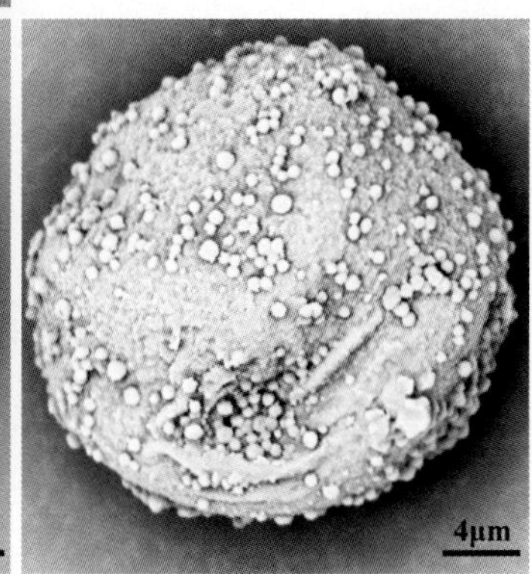

1
2 | 3 | 4

1. 雄球花
2. 未散开花粉
3. 近极面观
4. 远极面观

沙地柏

柏科圆柏属常绿匍匐状灌木，又称叉子圆柏，分布于我国西北及内蒙古地区，北京作地被植物栽植。叶两型，刺形叶常生于幼枝，鳞形叶常生于老枝。花单性，雌雄异株，球花生于枝顶，雄球花10月开始膨大。风媒花，花期3月，球果次年成熟。

花粉粒球形或扁球形，直径19.40～28.70μm，平均24.82±0.46μm。萌发孔不明显，远极面具薄壁区，易凹陷。外壁表面具细颗粒状纹饰，乌氏体分布不均匀，易脱落。

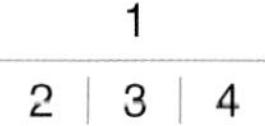

1. 雄球花
2. 近极面观
3. 远极面观
4. 赤道面观

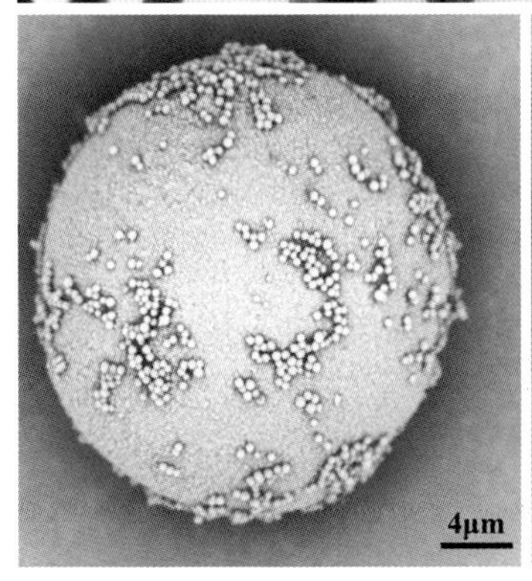

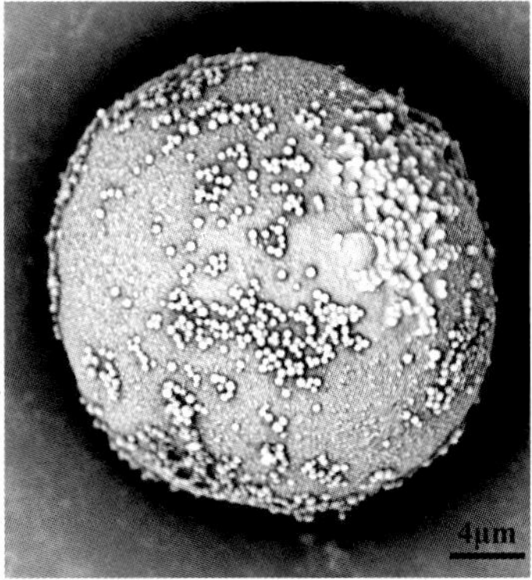

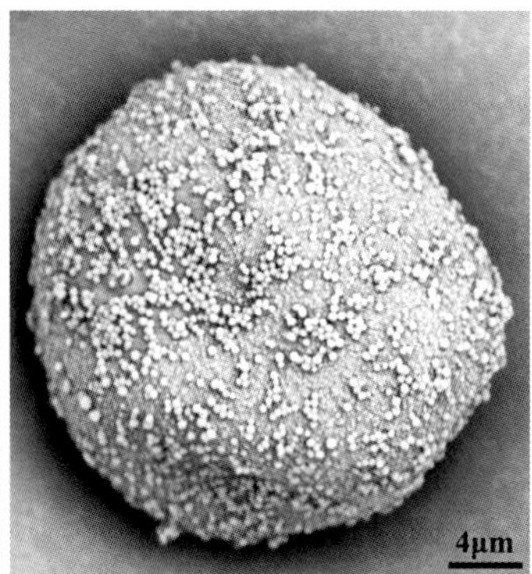

圆柏

柏科圆柏属常绿乔木，又称桧柏，原产于我国中部，北京广泛栽植，古树众多。叶两型，刺形叶常生于幼枝，鳞形叶常生于老枝。花单性，常为雌雄异株，稀同株；球花生于枝顶，雄球花10月开始膨大。风媒花，花期3月，球果次年成熟。

花粉粒球形或扁球形，直径20.30～32.20μm，平均24.84±0.60μm。萌发孔不明显，远极面具薄壁区，易凹陷。外壁表面具细颗粒状纹饰，乌氏体分布不均匀，易脱落。

1

2 | 3 | 4

1. 雄球花
2. 近极面观
3. 远极面观
4. 赤道面观

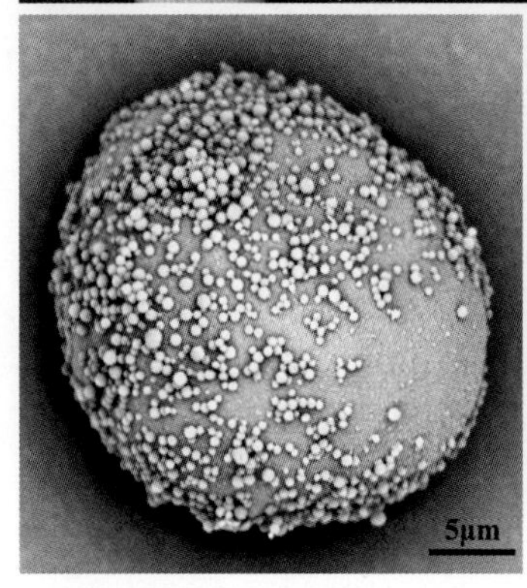

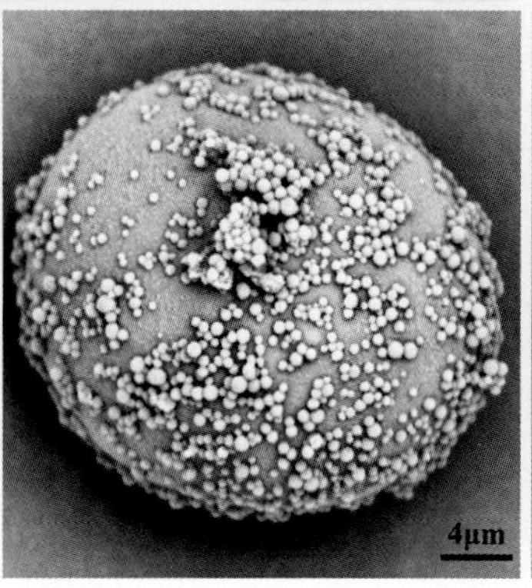

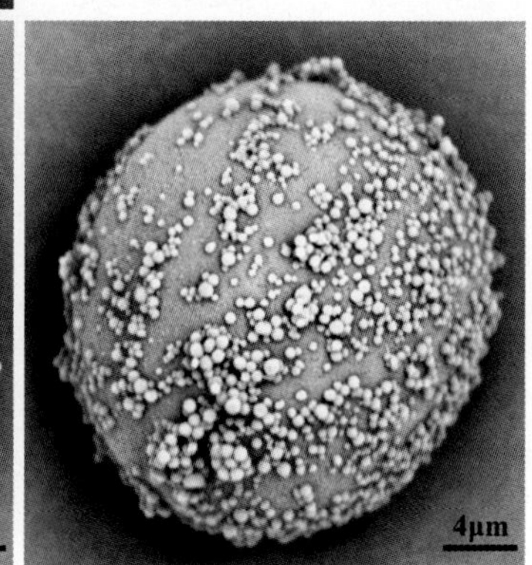

禾本科

画眉草

禾本科画眉草属1年生草本，常见杂草，广泛分布于我国各地，生于田埂、路旁和荒地。花两性，圆锥花序，较开展。风媒花，花果期3～4月。

花粉粒长球形，具远极单孔、具孔盖，孔盖稍凹陷，孔环不明显。花粉粒长27.10～30.70μm，平均28.38±0.27μm；宽22.50～28.10μm，平均25.60±0.48μm。萌发孔长3.46～4.48μm，平均4.16±0.18μm；宽3.31～4.14μm，平均3.57±0.19μm。孔盖长2.17～2.89μm，平均2.42±0.12μm；宽1.49～2.48μm，平均1.91±0.16μm。外壁表面具细颗粒状纹饰，均匀排列。

1. 花序
2. 近极面观
3. 远极面观
4. 赤道面观

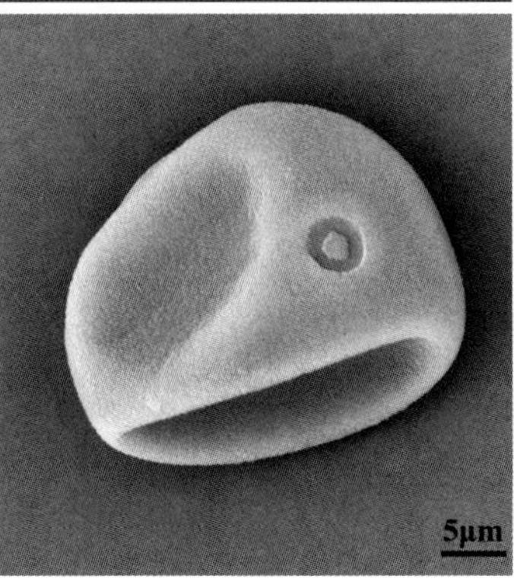

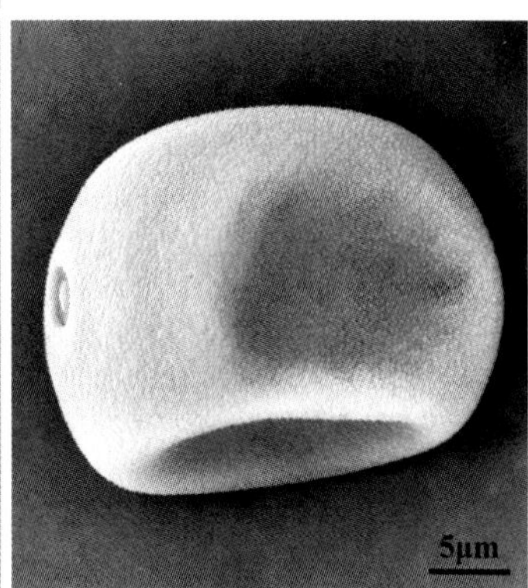

早熟禾

禾本科早熟禾属多年生草本，常见杂草，广泛分布于我国各地，生于田埂、路旁和荒地上，常作冷季型草坪栽植。花两性，圆锥花序。风媒花，花果期3～4月。

花粉粒长球形，具远极单孔、具孔盖，孔盖凹陷，孔环突起。花粉粒长27.10～36.50μm，平均30.74±0.66μm；宽20.30～29.40μm，平均25.70±0.76μm。萌发孔长3.32～4.21μm，平均3.76±0.13μm；宽3.02～4.34μm，平均3.69±0.13μm。孔盖长1.63～2.37μm，平均2.06±0.08μm；宽1.40～2.10μm，平均1.82±0.09μm。外壁表面具负网状纹饰，网眼内具细颗粒，均匀排列。

1. 花序
2. 近极面观
3. 远极面观
4. 赤道面观

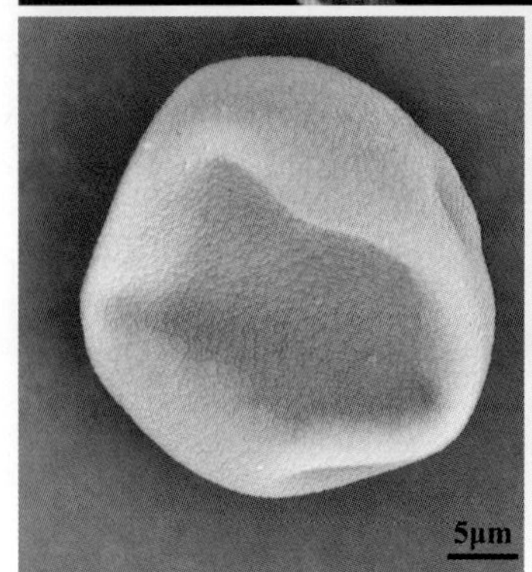

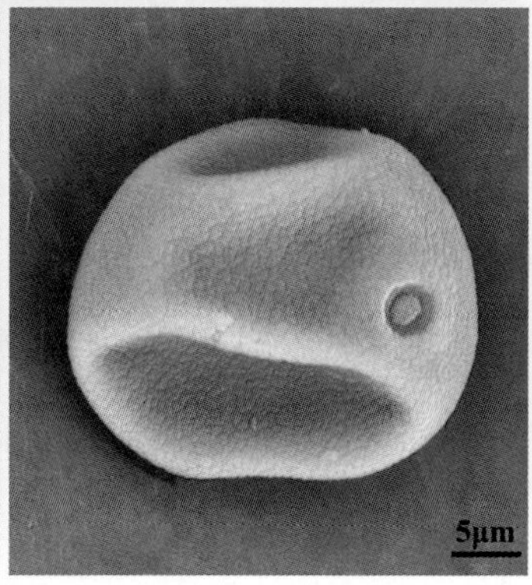

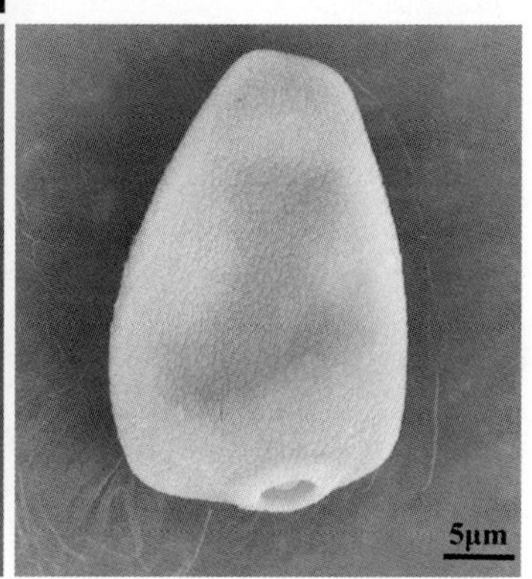

红豆杉科

矮紫杉

红豆杉科红豆杉属常绿灌木，是由东北红豆杉培育出的品种，北京地区有栽植。花单性，雌雄异株，球花单生于叶腋，雄球花球形，有梗。风媒花，花期3～4月，种子8～9月成熟。

花粉粒球形，近极面观近圆形，直径18.50～23.90μm，平均20.69±0.39μm；远极面观近圆形，具薄壁区，失水凹陷。赤道面观半圆形，高13.20～17.30μm，平均14.78±0.49μm。外壁表面具芽孢状纹饰，乌氏体颗粒少。

1. 雄球花
2. 近极面观
3. 远极面观
4. 赤道面观

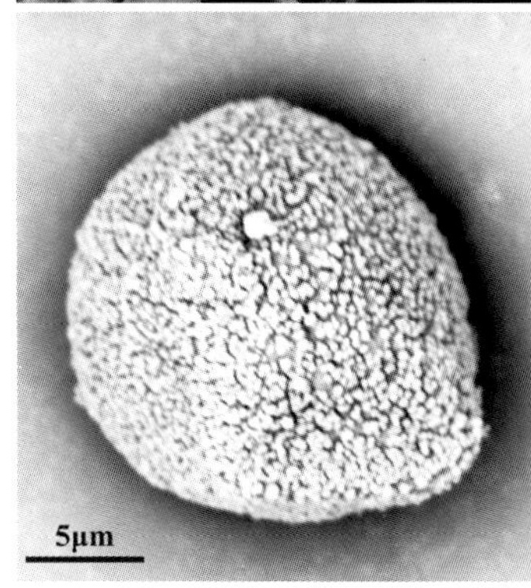

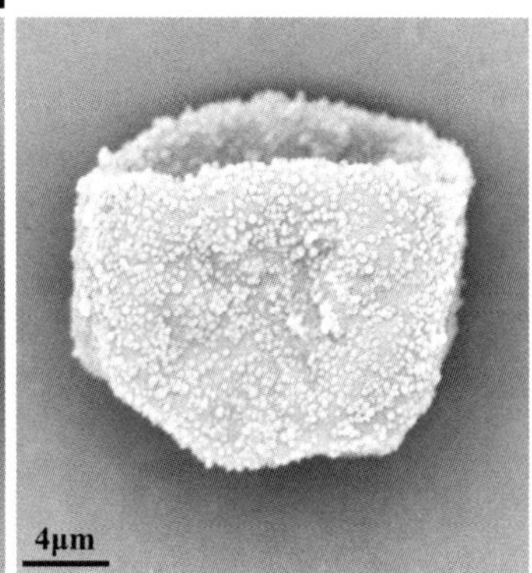

木兰科

白玉兰

木兰科木兰属落叶小乔木，原产于我国江苏、安徽、浙江、湖南、湖北、贵州、广东和山西等省，北京地区有栽植。花两性，单生于小枝顶端。花9瓣，每3片为一轮，白色，先于叶开放。虫媒花，花期3月，花药与花丝差异不明显，花药侧向开裂。聚合蓇葖果，沿背缝线开裂。

花粉粒长椭球形，具远极单沟，异极，两侧对称。极面观长椭圆形，长43.80～56.50μm，平均49.59 ± 1.03μm；宽21.60～27.60μm，平均25.18 ± 1.11μm。长赤道面观舟形，高22.10～34.10μm，平均27.17 ± 1.36μm。萌发沟细长，外壁表面具小穴状纹饰。

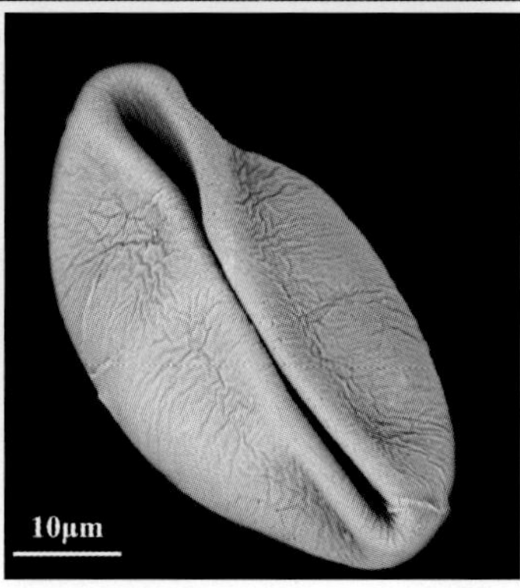

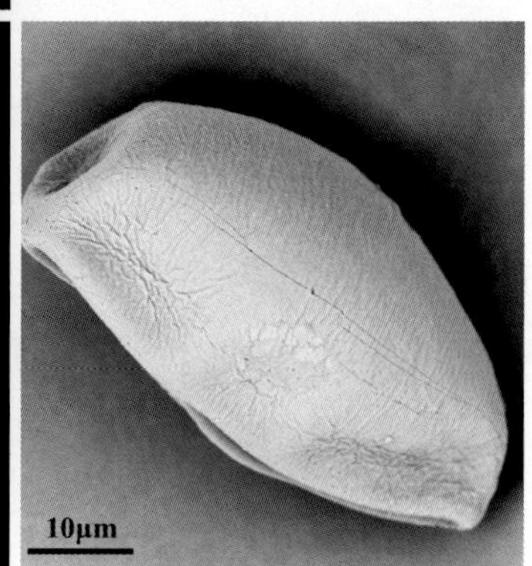

1
2 | 3 | 4

1. 雌蕊和雄蕊
2. 近极面观
3. 远极面观
4. 长赤道面观

二乔玉兰

木兰科木兰属落叶小乔木，白玉兰和紫玉兰的杂交种，原产于我国，北京地区有栽植。花两性，生于小枝顶端。花9瓣，每3片为一轮，花瓣内侧白色，外侧浅红至深红色，先于叶开放。虫媒花，花期3月，花药侧向开裂。聚合蓇葖果，沿背缝线开裂。

花粉粒长椭球形，具远极单沟，异极，两侧对称。极面观长椭圆形，长32.30～62.00μm，平均44.47 ± 1.25μm；宽23.40～34.20μm，平均30.79 ± 0.87μm。长赤道面观舟形，高24.00～35.09μm，平均29.14 ± 1.29μm。萌发沟较宽，外壁表面具小穴状纹饰。

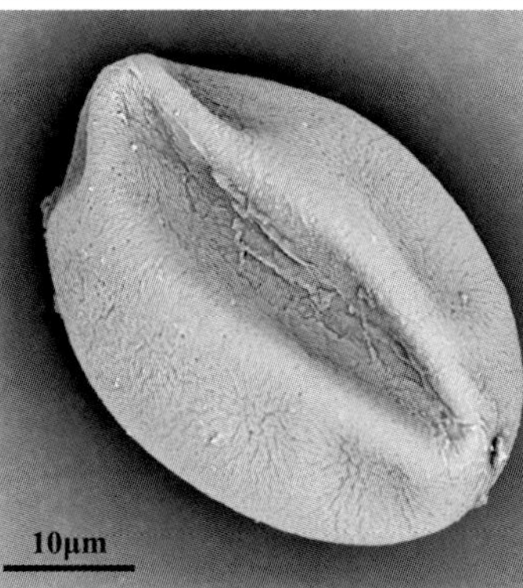

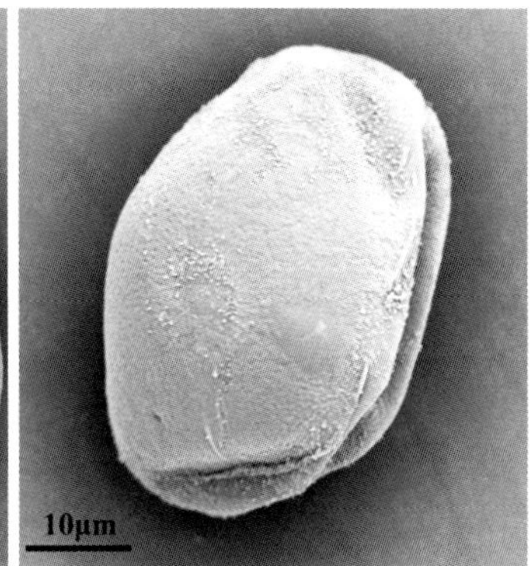

1
2 | 3 | 4

1. 花
2. 近极面观
3. 远极面观
4. 长赤道面观

望春玉兰

木兰科木兰属落叶高大乔木，一般树高6～12m，原产于我国河南，北京地区有栽植。花两性，生于小枝顶端。花9瓣，每3片为一轮，白色，外轮花瓣外侧中央具红色条纹，先于叶开放。虫媒花，花期3月，花药侧向开裂。聚合蓇葖果，沿背缝线开裂。

花粉粒长椭球形，具远极单沟，异极，两侧对称。极面观长椭圆形，长31.40～43.20μm，平均39.45±0.75μm；宽16.20～23.60μm，平均20.34±0.96μm。长赤道面观舟形，高14.10～27.90μm，平均18.75±0.99μm。萌发沟较窄，外壁表面具皱纹和小穴状纹饰。

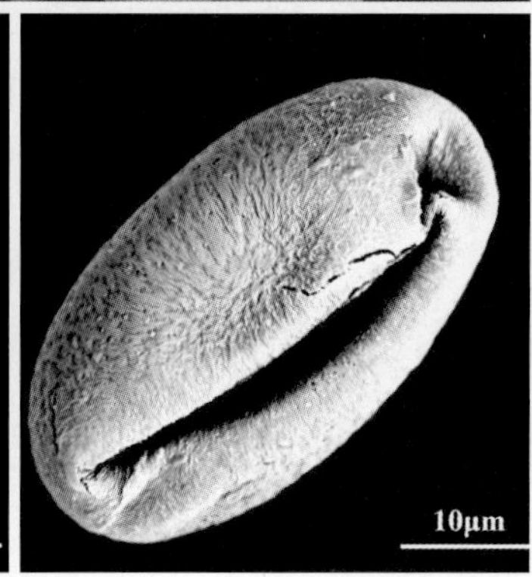

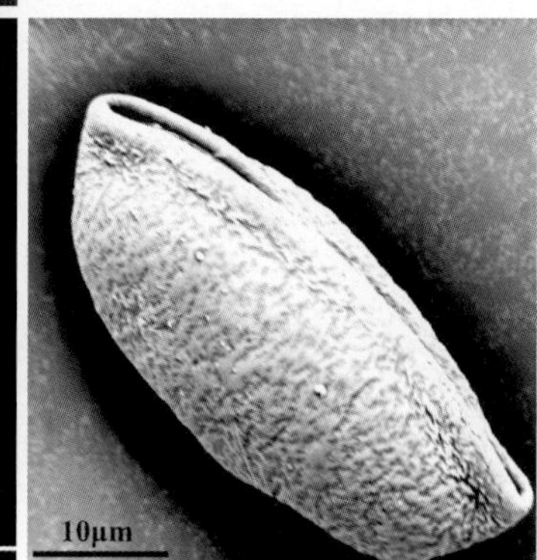

1

2 | 3 | 4

1. 花
2. 近极面观
3. 远极面观
4. 长赤道面观

木犀科

迎春花

木犀科素馨属落叶灌木，产于我国西北和西南地区，北京广泛栽植，是春季最早开花的观花灌木。花两性，单生于2年生枝条上，先于叶开放；花冠高脚碟状，黄色，通常6裂，花丝与花瓣基部融合。虫媒花，花期3月，一般不结果。

花粉粒长椭球形，具3萌发沟。极面观3裂圆形，见3沟，直径29.10～40.50μm，平均32.33 ± 0.93μm。赤道面观长椭圆形，见1～2沟，长55.40～67.70μm，平均59.94 ± 1.13μm。外壁表面具网状纹饰，网眼多角形，内无颗粒，网眼直径1.70～2.94μm，平均2.30 ± 0.10μm。

1
2 | 3 | 4

1. 花
2. 极面观
3. 赤道面观
4. 萌发沟

青竹复叶槭

槭树科槭属落叶乔木，是复叶槭的雄株变种，幼树树干呈绿色竹节状。花芽对生，聚伞花序，单性花，花丝丛生，细长，绿色或淡红色，无花冠，花药着生在花丝顶端。风媒花，与叶同时开放，花期3月。

花粉粒长椭球形，具3萌发沟。极面观3裂圆形，直径17.30～23.40μm，平均19.96±0.37μm。赤道面观长椭圆形，长37.50～43.10μm，平均39.9±0.35μm；萌发沟长29.80～38.00μm，平均33.54±0.66μm。外壁表面具拟网状纹饰，具分叉短条纹交错排列成多层拟网状，部分网眼中空，网眼直径0.19～0.47μm，平均0.31±0.02μm；网脊光滑，宽0.26～0.36μm，平均0.31±0.01μm。

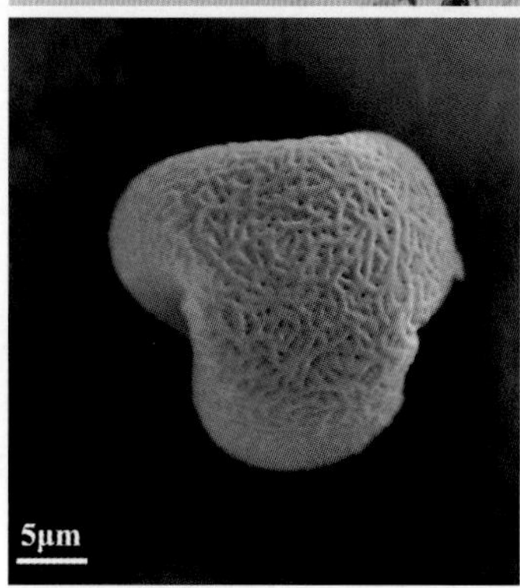

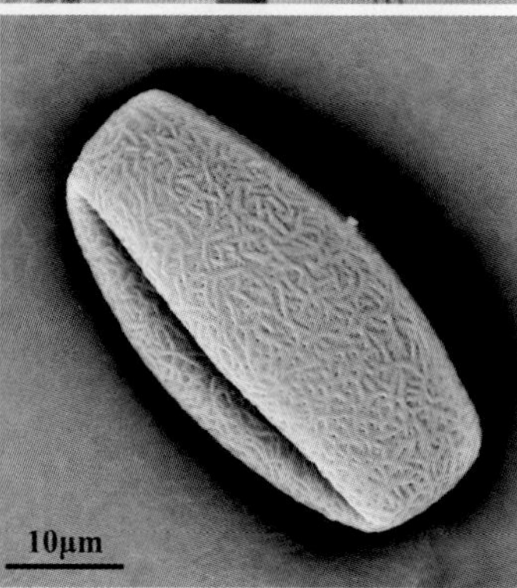

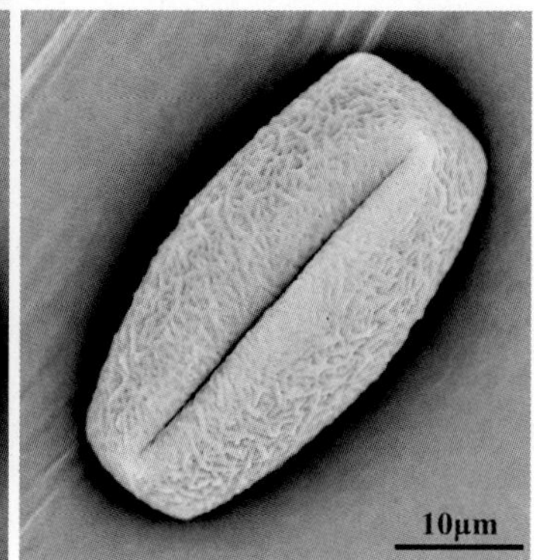

1
2 | 3 | 4

1. 花序
2. 极面观
3. 赤道面观
4. 萌发沟

三尖杉科

粗榧

三尖杉科三尖杉属常绿灌木，原产于我国南部，北京有栽植。花单性异株，雄球花卵圆形，聚生成头状花序，总梗极短；雌球花具长柄。风媒花，花期3月。

花粉粒球形或扁球形，直径18.50～26.00μm，平均22.33±0.37μm。萌发孔不明显，远极面具薄壁区，易凹陷。外壁表面具细颗粒状纹饰，乌氏体直径0.37～0.80μm，平均0.57±0.02μm，分布不均匀，易脱落。

1. 雄球花
2、3. 极面观
4. 赤道面观

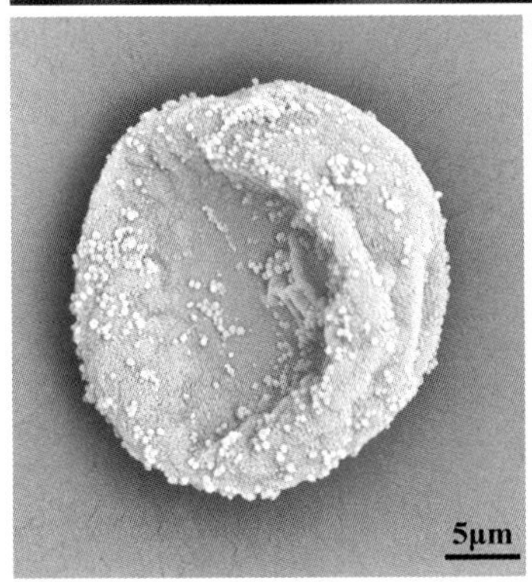

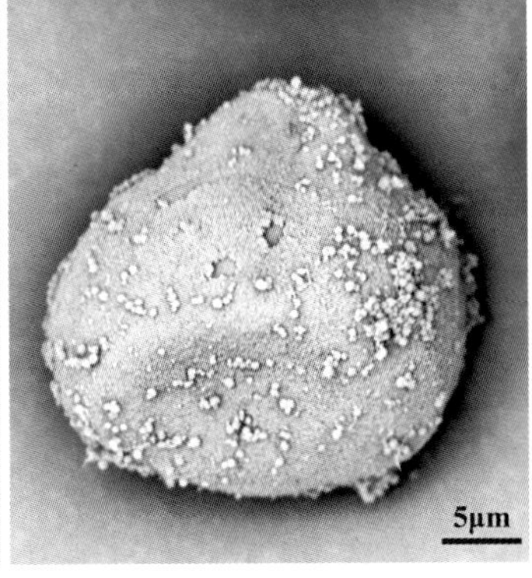

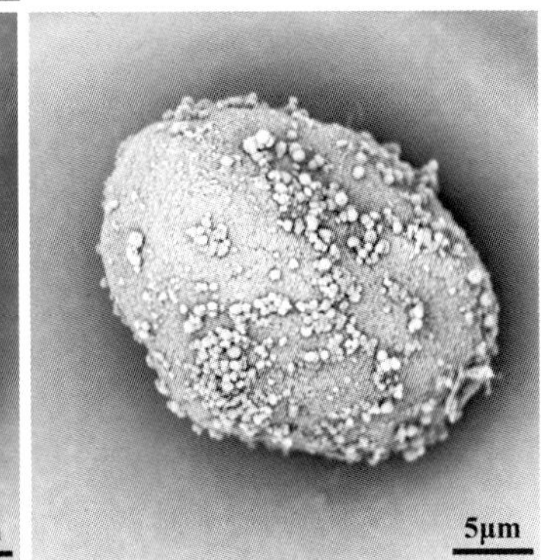

莎草科

涝峪薹草

莎草科薹草属多年生草本，分布于我国陕西、河北等省，生于山谷和路旁，北京常作地被植物栽植。花单性，无花被，雌雄同株，生于同一花序轴上，二者相距较远；雄花序顶生，棒状圆柱形，长约3cm；雌花序侧生，棒状，10～15朵小花，长1.5cm。风媒花，花果期3～4月。

花粉粒极面观圆形，赤道面观三角形，异极，无萌发孔、沟，具有5个易变形的薄壁区域，外壁表面具负网状纹饰和小穴状纹饰，突起的网眼上具细颗粒状纹饰。极面直径21.40～33.00μm，平均28.46±0.80μm。赤道面高20.30～29.70μm，平均23.79±0.61μm。

1		
2	3	4

1. 花序
2. 极面观
3、4. 赤道面观

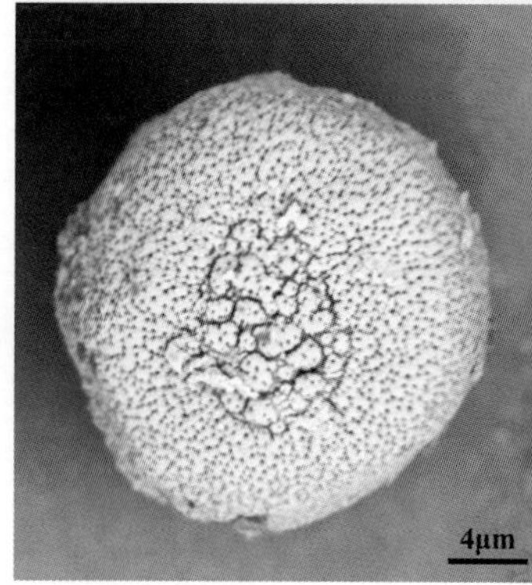

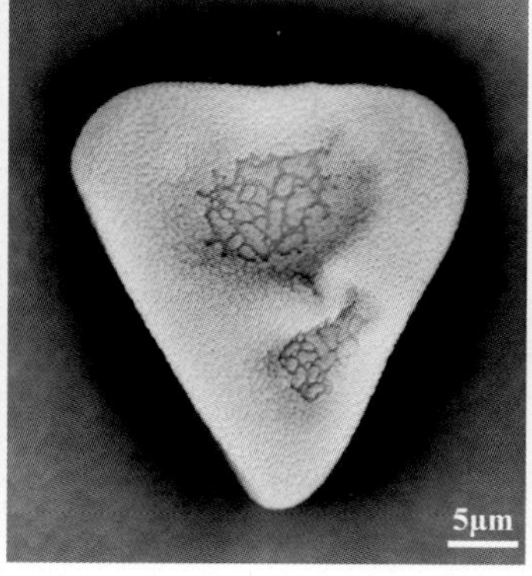

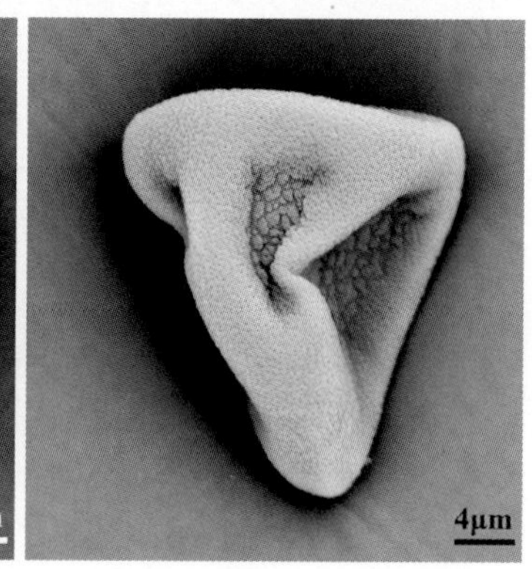

细叶薹草

莎草科薹草属多年生草本，又称羊胡子草，分布于我国东北、华北和西北等地区，生于山谷、路旁，北京常作草坪栽植。穗状花序，小穗雌雄性，雄花在上，花药线形。风媒花，花果期3～4月。

花粉粒极面观圆形，赤道面观三角形，异极，无萌发孔、沟，具有5个易变形的薄壁区域，外壁表面具负网状纹饰和小穴状纹饰，突起的网眼上具细颗粒状纹饰。极面直径20.70～31.20μm，平均26.33 ± 0.81μm。赤道面高23.50～34.80μm，平均30.41 ± 0.77μm。

1. 花序
2. 极面观
3、4. 赤道面观

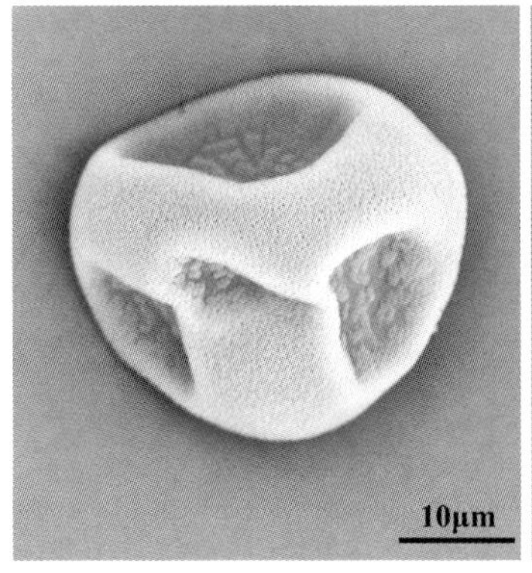

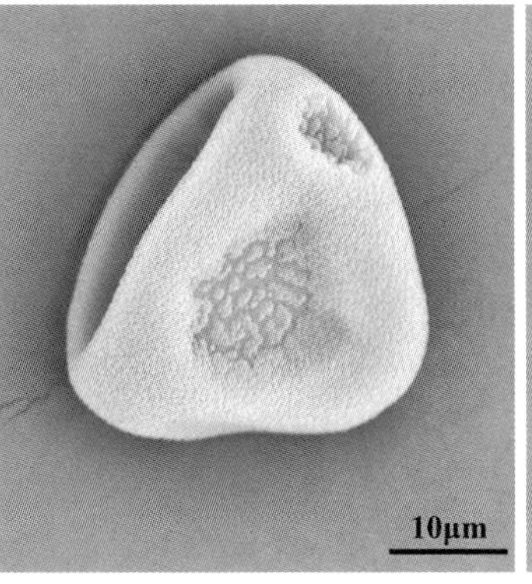

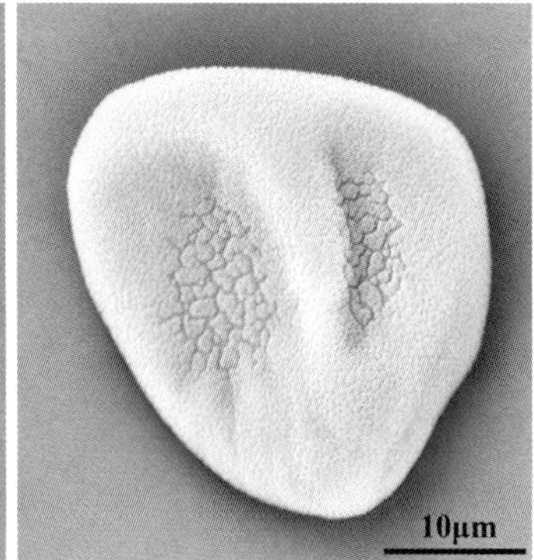

杨柳科

垂柳

杨柳科柳属落叶乔木，枝长而下垂，分布于我国河南、河北、陕西、山东和长江中下游平原地区，北京平原地区的河岸和湖岸常见栽植。单性花，雌雄异株，柔荑花序。风媒花，先于叶开放，花果期3～4月。

花粉粒长椭球形，具3萌发沟。极面观3裂圆形，直径12.70～20.00μm，平均15.66 ± 0.41μm。赤道面观长椭圆形，长23.20～32.00μm，平均28.00 ± 0.54μm。外壁表面具网状纹饰，部分网眼中空，网眼直径0.79～2.79μm，平均1.45 ± 0.10μm；网脊光滑，宽0.36～0.97μm，平均0.55 ± 0.04μm。

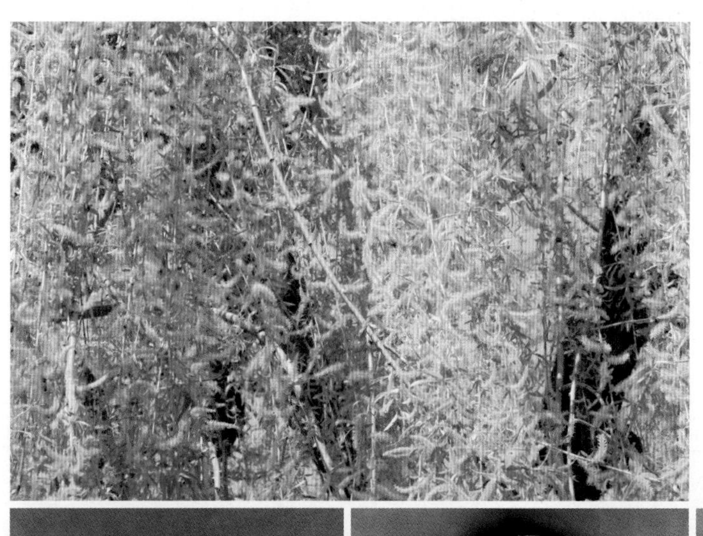

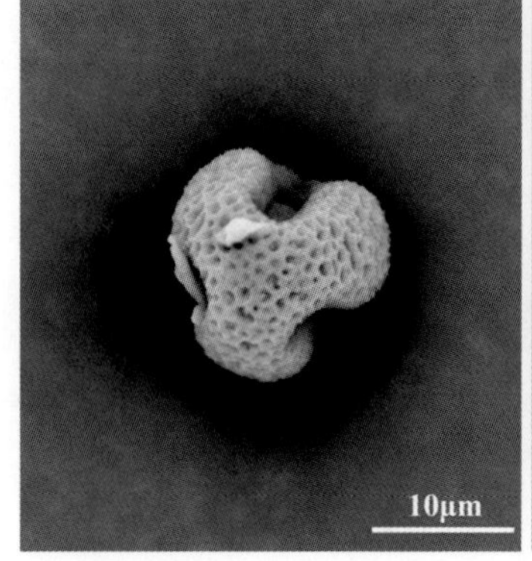

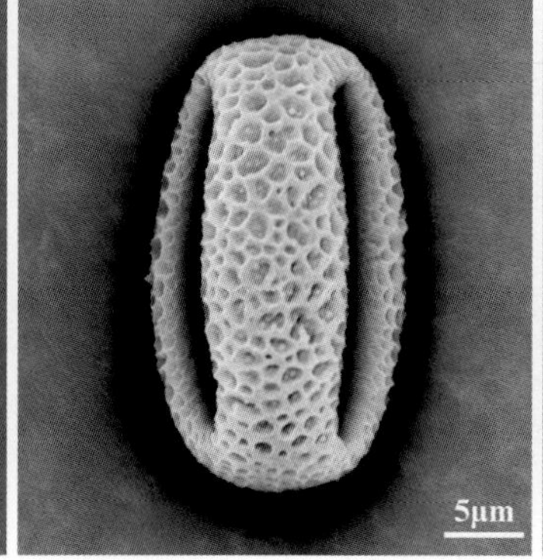

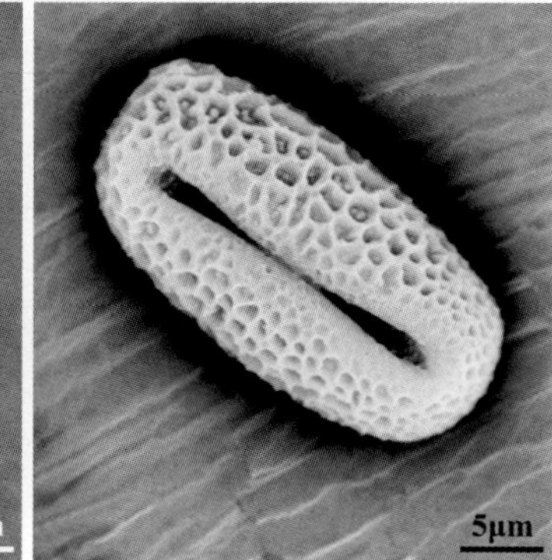

1
2 | 3 | 4

1. 雄花序
2. 极面观
3. 赤道面观
4. 萌发沟

旱柳

杨柳科柳属落叶乔木，枝直立或斜展，主要分布于我国东北、华北、西北、西南、华中和华东地区，北京地区常见栽植。单性花，雌雄异株，柔荑花序。风媒花，先于叶开放，花果期3～4月。

花粉粒长椭球形，具3萌发沟。极面观3裂圆形，直径11.80～15.80μm，平均13.05 ± 0.23μm。赤道面观长椭圆形，长24.50～28.10μm，平均26.49 ± 0.20μm。外壁表面具网状纹饰，部分网眼中空，网眼直径0.82～1.27μm，平均1.02 ± 0.04μm；网脊光滑，宽0.29～0.95μm，平均0.41 ± 0.05μm。

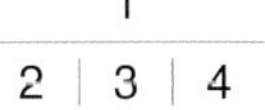

1. 雄花序
2. 极面观
3. 赤道面观
4. 萌发沟

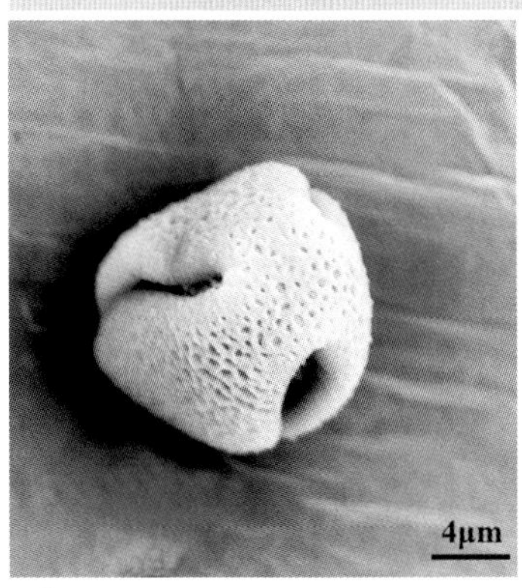

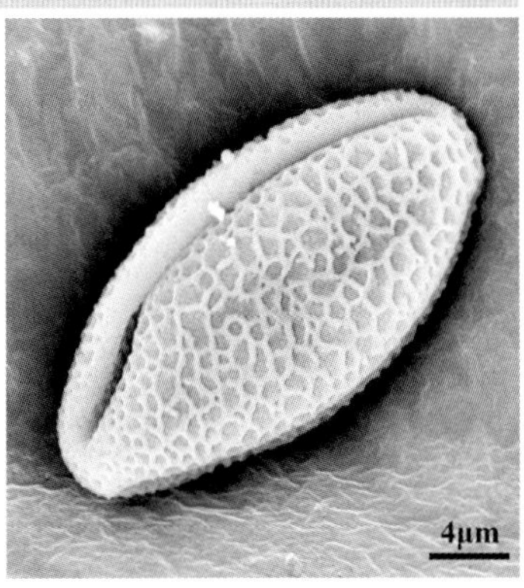

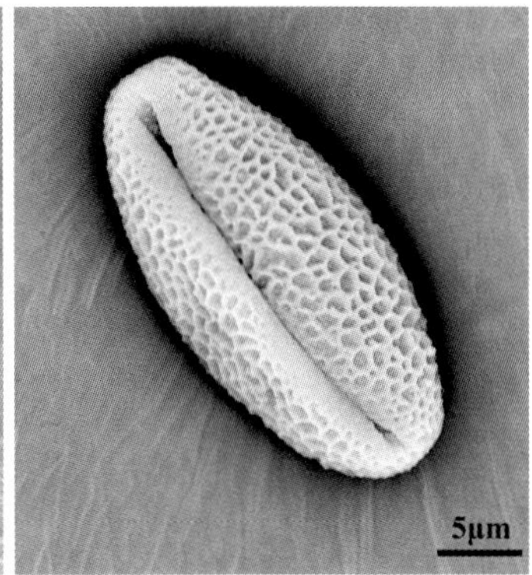

加拿大杨

杨柳科杨属黑杨组落叶大乔木，简称加杨，树冠卵圆形，原产于美洲，是美洲黑杨和欧洲黑杨的杂交种，于19世纪中叶引入我国，除广东、云南和西藏外，各省份均有引种栽植。单性花，雌雄异株，柔荑花序。风媒花，先于叶开放，花果期3～4月。

花粉粒近球形，长24.60～31.50μm，平均28.11 ± 0.54μm；宽16.30～27.90μm，平均23.67 ± 0.79μm；无萌发孔。外壁表面具密集颗粒状纹饰，颗粒大小均匀，顶端具小尖刺。

1	
2 | 3 | 4	

1. 雄花序

2、3、4. 整体观

毛白杨

杨柳科杨属白杨组落叶大乔木，树冠卵圆形，主要分布于我国黄河中下游地区，北京地区广泛栽植。单性花，雌雄异株，柔荑花序。风媒花，先于叶开放，花果期3～4月。

花粉粒近球形，长25.90～42.10μm，平均29.73±0.90μm；宽25.40～28.50μm，平均27.26±0.41μm；无萌发孔。外壁表面具密集颗粒状纹饰，颗粒大小均匀，顶端具小尖刺。

1
2 | 3 | 4

1. 雄花序
2、3、4. 整体观

新疆杨

杨柳科杨属白杨组落叶大乔木，树冠圆柱形，主要分布于新疆，北京地区有栽植。单性花，雌雄异株，柔荑花序。风媒花，先于叶开放，花果期3～4月。

花粉粒近球形，长23.80～30.20μm，平均27.74±0.52μm；宽22.80～29.60μm，平均26.34±0.55μm；无萌发孔。外壁表面具密集颗粒状纹饰，颗粒大小均匀，顶端具小尖刺。

1 | 2 / 3 / 4

1.雄花序

2、3、4.整体观

榆科

大叶榆

榆科榆属落叶乔木，也称裂叶榆，分布于我国东北、山西和内蒙古，北京各区野生或栽植。叶卵形，叶缘具重锯齿，先端3～7裂。花两性，簇生的聚伞花序，生于1年生枝条的叶腋。风媒花，先于叶开放，花期3月，果期4～5月。

花粉粒球形，直径25.50～34.30μm，平均30.13±0.53μm。具5萌发孔，分布在赤道上，孔圆形，直径2.35～5.45μm，平均3.26±0.21μm；孔内具颗粒。外壁表面具浅脑纹状和细颗粒状纹饰。

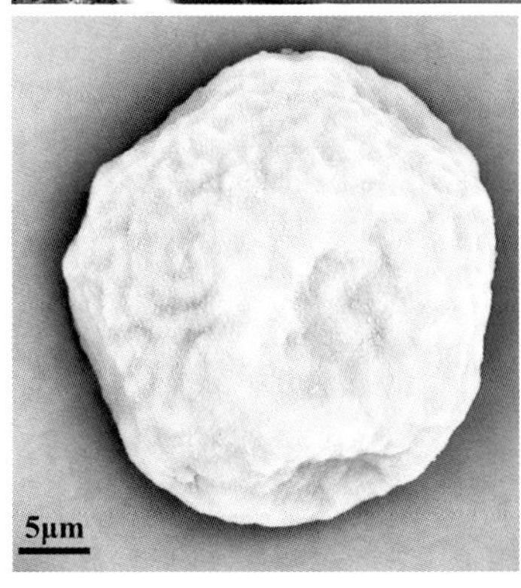

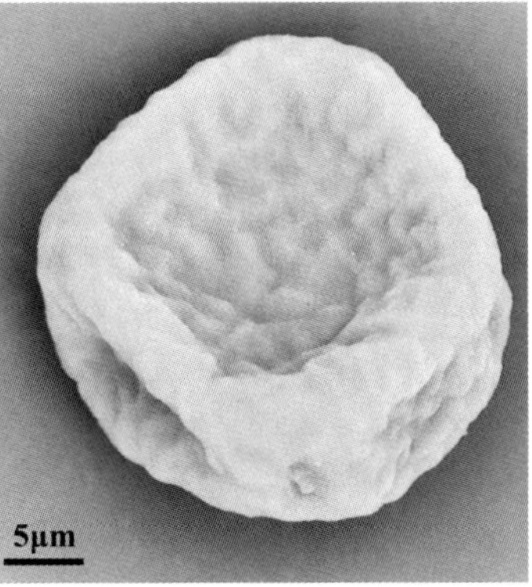

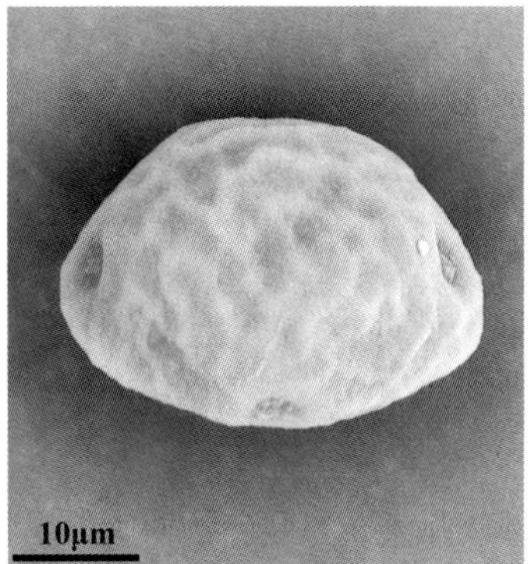

1
2 | 3 | 4

1. 花序
2、3. 极面观
4. 赤道面观

家榆

榆科榆属落叶乔木，也称白榆、榆树，分布于我国东北、华北和西北地区，北京各区野生或栽植。叶卵形，叶缘具单锯齿。花两性，簇生的聚伞花序，生于1年生枝条的叶腋。风媒花，先于叶开放，花期3月，果期4～5月。

花粉粒球形，直径22.00～29.30μm，平均25.62±0.29μm。具5萌发孔，分布在赤道上，孔圆形，直径1.18～2.76μm，平均1.87±0.10μm；孔内具颗粒。外壁表面具浅脑纹状和细颗粒状纹饰，条纹宽，但浅，走向无规律。

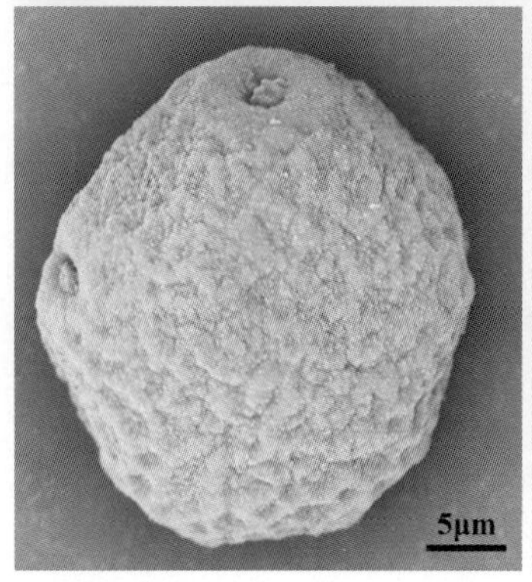

1
2 | 3 | 4

1. 花
2、3. 极面观
4. 赤道面观

青檀

榆科青檀属落叶乔木，分布于我国华北、西北、西南和华中地区，北京有栽植。叶卵形，叶缘具单锯齿。花单性，雌雄同株，雄花簇生，雌花单生。风媒花，先于叶开放，花期3月。

花粉粒球形，极面易失水凹陷，直径22.80～31.40μm，平均27.44±0.47μm。具3～4萌发孔，分布在赤道上，孔圆形，直径2.48～5.68μm，平均3.77±0.18μm；孔内具颗粒。外壁表面具短刺状纹饰。

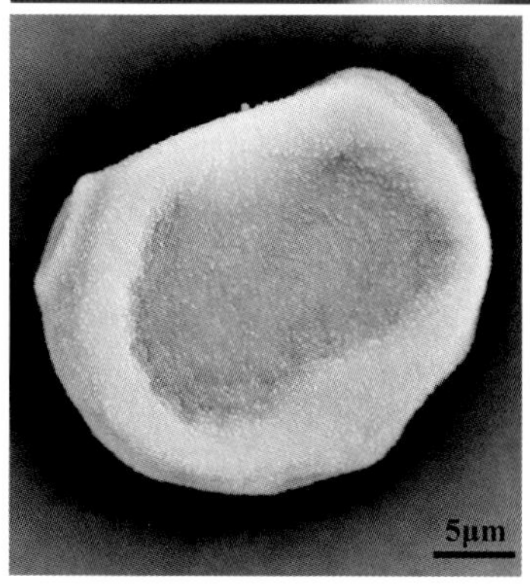

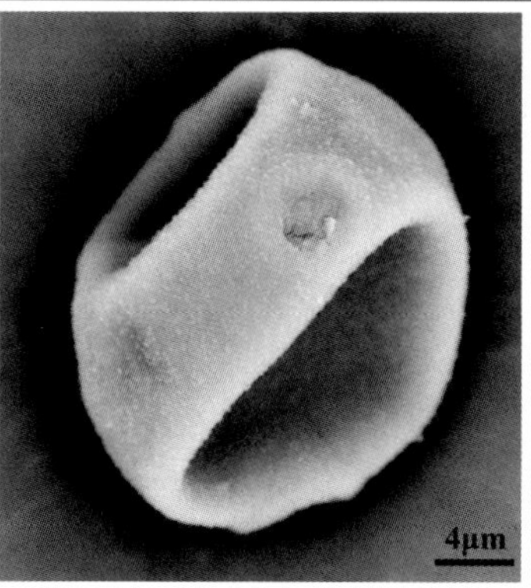

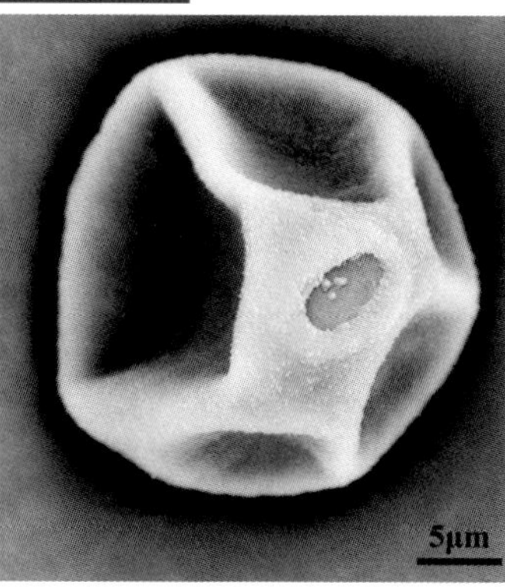

1

2 | 3 | 4

1. 雄花序
2. 极面观
3. 赤道面观
4. 萌发孔

小叶朴

榆科朴属落叶乔木，分布于我国华北、西北、西南、华东和华中地区，北京野生或栽植。叶卵形，叶缘中部以上具锯齿。花单性，雌雄同株，雄花簇生于新枝底部，雌花单生于枝条上部叶腋。风媒花，先于叶开放，花期3月，果期9月。

花粉粒球形，极面易失水凹陷，直径20.70～29.00μm，平均25.05±0.35μm。具3～4萌发孔，分布在赤道上，孔圆形，直径2.38～3.96μm，平均2.94±0.06μm；孔内具颗粒。外壁表面具短刺状纹饰。

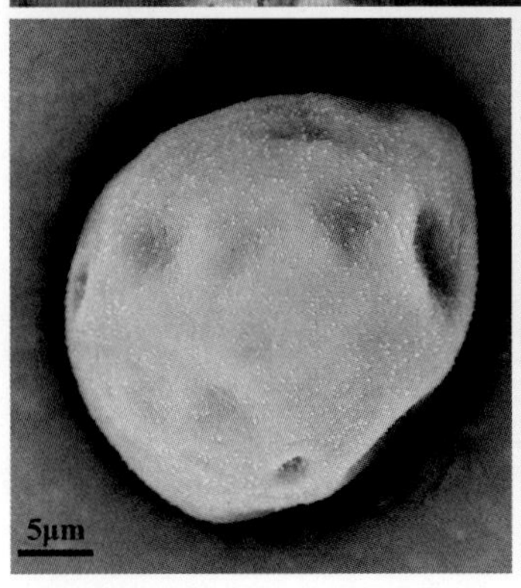

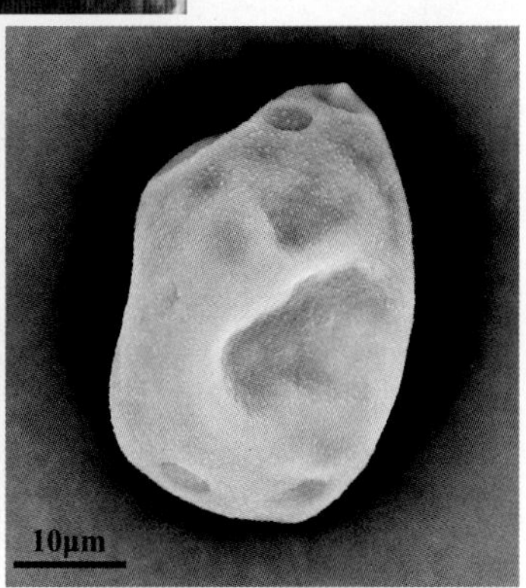

1.雄花序
2、3.极面观
4.赤道面观

02

4月
开花植物

柽柳科

柽柳

柽柳科柽柳属落叶小乔木，又名观音柳、西河柳、山川柳和桧柽柳等，原产于我国西北、华北和西南地区，北京常见栽植。花两性，总状花序侧生于2年生枝上，长2～5cm；花柄短，花小，径约2mm；花瓣5枚，粉红色。虫媒花，花期4月。

花粉粒长椭球形，具3萌发沟。极面观3裂圆形，直径10.30～14.50μm，平均12.53±0.30μm。赤道面观长椭圆形，长23.40～27.50μm，平均25.50±0.23μm。外壁表面具网状纹饰，部分网眼中空，网眼直径0.49～1.20μm，平均0.78±0.07μm；网脊光滑，宽0.33～0.54μm，平均0.43±0.02μm。

1

2 | 3 | 4

1. 花序
2. 极面观
3. 赤道面观
4. 萌发沟

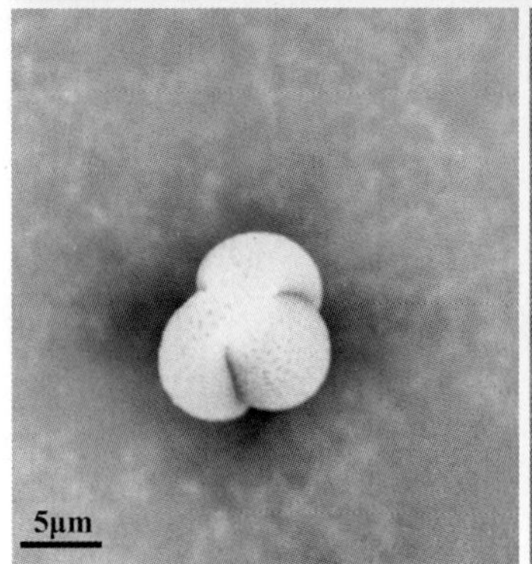

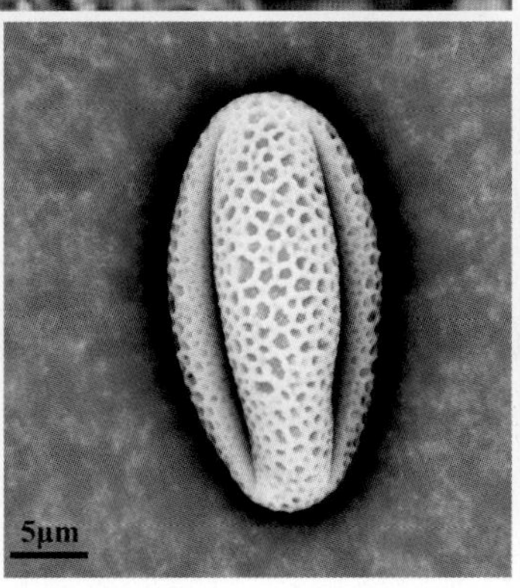

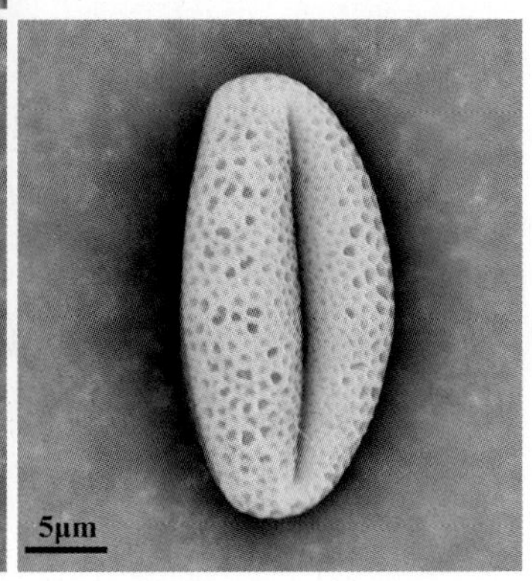

杜仲科

杜仲

杜仲科杜仲属落叶乔木，原产于我国长江流域各省份，北京常见栽植。花单性，雌雄异株，无花被，生于小枝基部；雄花具短梗，长约0.9cm，花药线形，掌状排列于花梗顶端。果为具翅坚果，扁平。风媒花，与叶同时开放，花期4月。

花粉粒长椭球形，具3萌发沟。极面观三角形，高16.20～22.60μm，平均18.65±0.58μm。赤道面观长椭圆形，见1沟或2沟，长29.10～31.20μm，平均30.05±0.19μm；宽18.00～24.10μm，平均21.39±0.42μm。萌发沟长19.00～24.40μm，平均21.69±0.32μm。外壁表面具稀疏小刺状纹饰。

1. 雄花序
2. 极面观
3. 赤道面观
4. 萌发沟

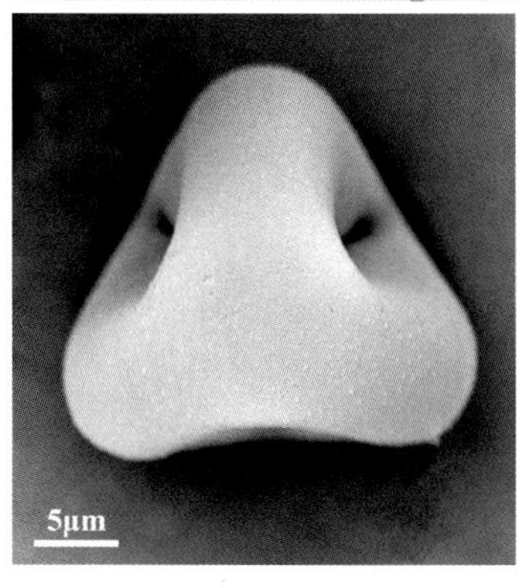

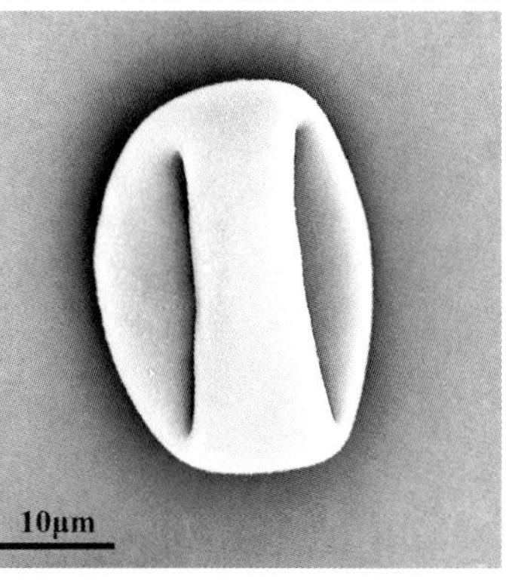

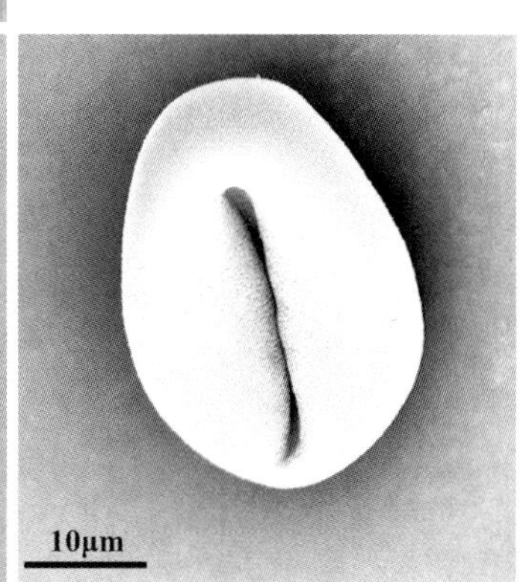

禾本科

看麦娘

禾本科看麦娘属1年生草本，常见杂草，广泛分布于我国各地，生于田埂、路旁和荒地上。花两性，圆锥花序，顶生，紧缩成圆柱状，长3～7cm，宽0.3～0.6cm。风媒花，花期4月。

花粉粒长球形，具远极单孔、具孔盖，孔盖凹陷，孔环稍突起；赤道面易凹陷。花粉粒长25.90～34.00μm，平均29.48±0.42μm；宽21.20～29.10μm，平均26.01±0.84μm。萌发孔长2.52～3.76μm，平均3.14±0.10μm；宽1.65～2.92μm，平均2.50±0.15μm。孔盖长1.34～1.81μm，平均1.55±0.05μm；宽0.92～1.96μm，平均1.22±0.12μm。外壁表面具负网状纹饰，网眼内具细颗粒，均匀排列。

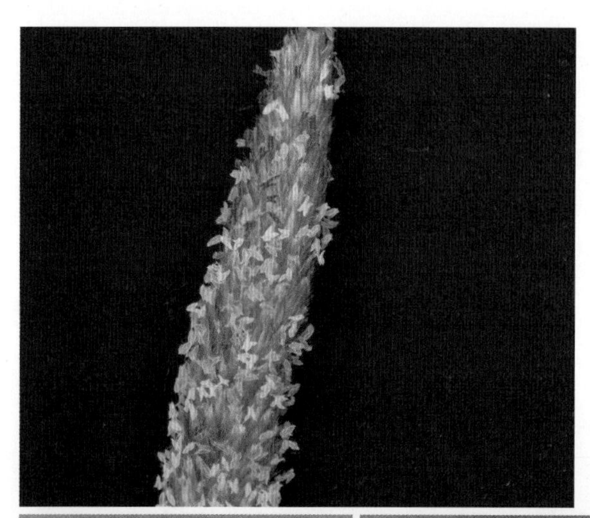

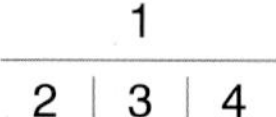

1. 花序
2. 近极面观
3. 远极面观
4. 赤道面观

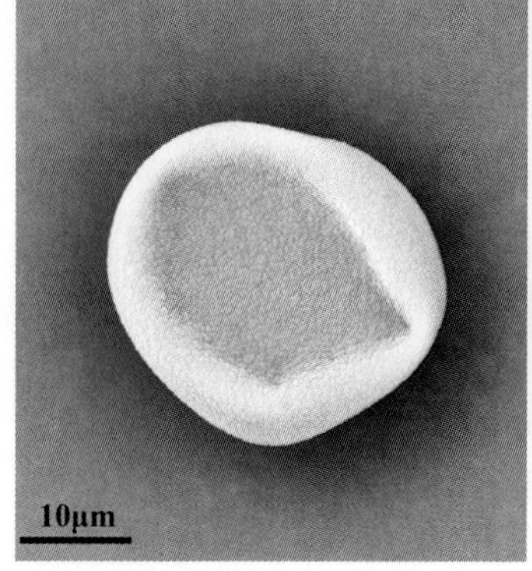

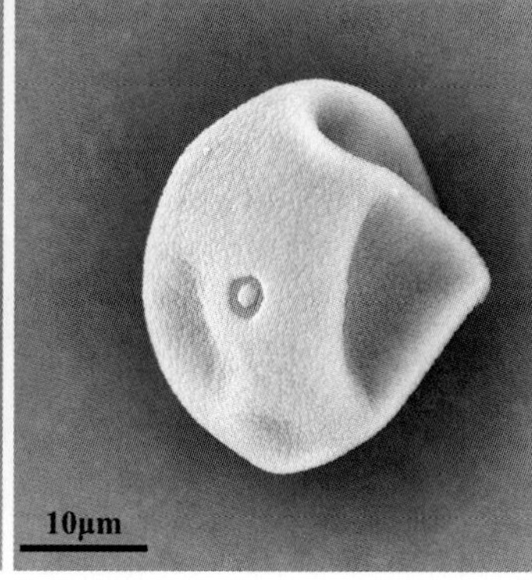

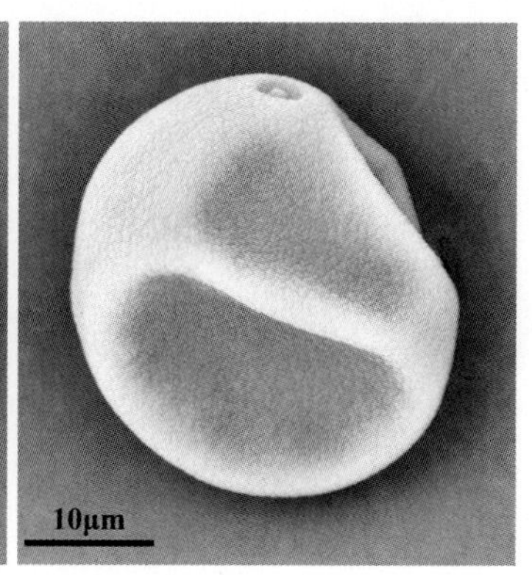

胡桃科

核桃

胡桃科胡桃属落叶乔木，又称胡桃，我国各地均有分布，北京广为栽植。花单性，雌雄同株；雄性柔荑花序，下垂；雌性穗状花序。风媒花，先叶后花，花期4月，果期9～10月。

花粉粒扁球形，直径41.40～54.50μm，平均46.62±0.88μm。赤道面高26.00～33.60μm，平均30.37±0.72μm。具散孔，数量9～15个，整齐排列于赤道及一个极面上；孔圆形，直径2.91～4.79μm，平均3.98±0.13μm。外壁表面具均匀密集的小短刺状纹饰。

1
2 | 3 | 4

1. 雄花序
2、3. 极面观
4. 赤道面观

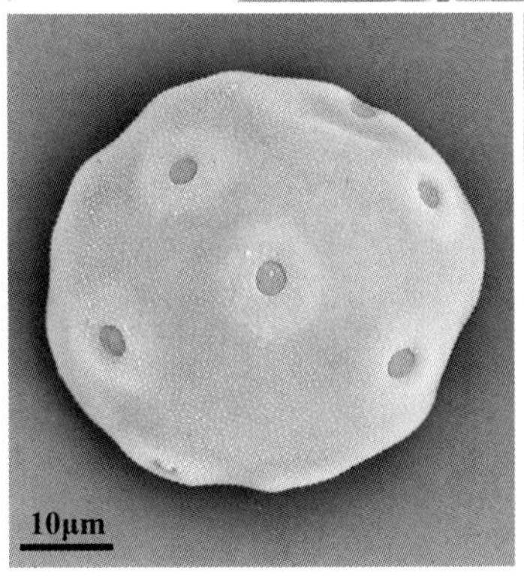

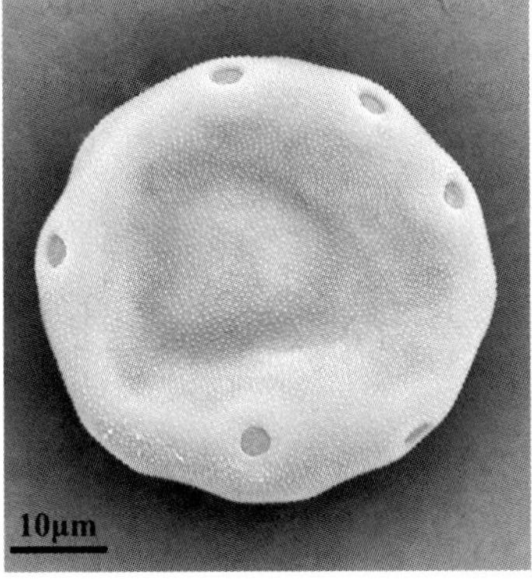

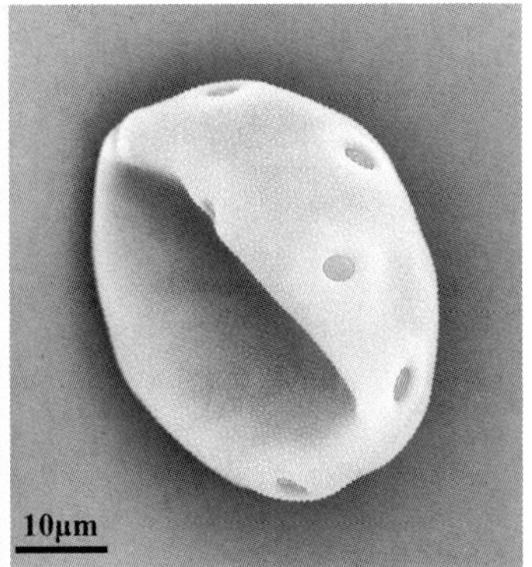

桦木科

白桦

桦木科桦木属落叶乔木，树皮灰白色，成层剥落，分布于我国东北、华北和西南地区，北京山区成片生长。花单性，雌雄同株；雄性柔荑花序，成对顶生，下垂；雌性穗状花序，单生于叶腋，直立。风媒花，与叶同时开放，花期4月，果期9～10月。

花粉粒扁球形，极面观三角圆形，直径19.70～22.20μm，平均20.88 ± 0.26μm。赤道面观椭圆形，高16.90～19.20μm，平均18.10 ± 0.54μm。具3孔，排列于赤道上；孔圆形，直径1.52～3.45μm，平均2.35 ± 0.15μm，孔缘加厚，突出花粉表面。外壁表面具短刺状及底部短杆状纹饰。

1
2 | 3 | 4

1. 雄花序
2. 极面观
3. 赤道面观
4. 萌发孔

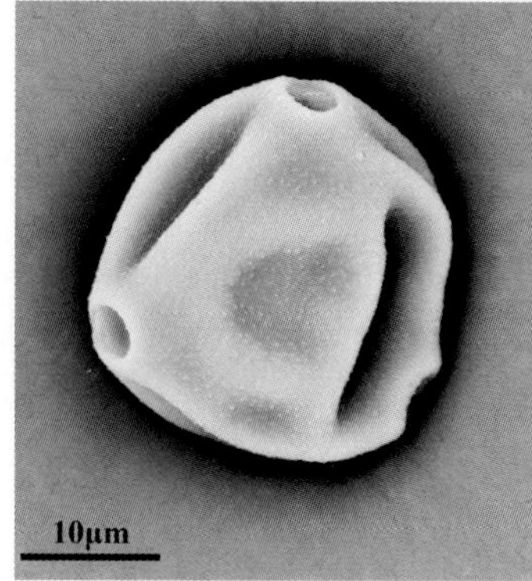

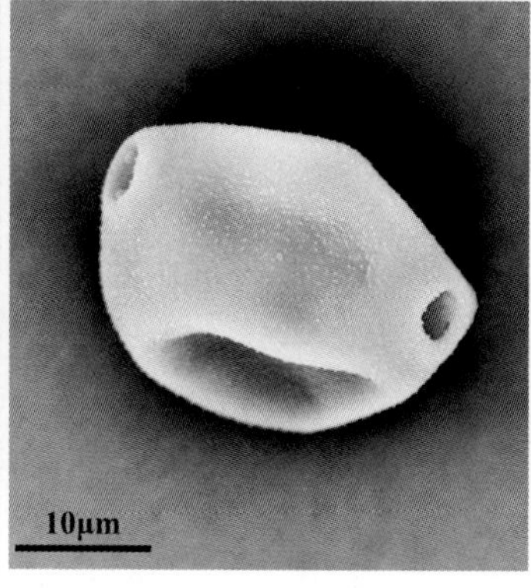

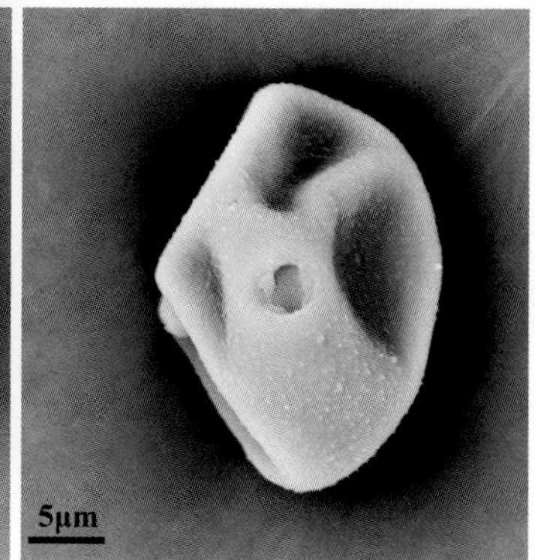

鹅耳枥

桦木科鹅耳枥属落叶乔木，树皮灰褐色，分布于我国辽宁南部、河北、山西、河南、陕西和甘肃等地，北京山区常见，公园中有栽植。花单性，雌雄同株；雄性柔荑花序，生于1年生枝条，下垂；雌性花序生于上部枝顶或腋生于短枝。风媒花，先于叶开放，花期4月，果期9～10月。

花粉粒扁球形，极面观圆形，直径22.40～37.20μm，平均29.05 ± 0.96μm。赤道面观椭圆形，高20.30～21.70μm，平均21.07 ± 0.41μm。具3孔，排列于赤道上；孔圆形，直径2.15～7.79μm，平均3.35 ± 0.27μm；孔缘加厚，突出花粉表面；具孔盖，直径1.21～2.23μm，平均1.63 ± 0.07μm。外壁表面具短刺状和短杆状纹饰。

1. 雄花序
2. 极面观
3. 赤道面观
4. 萌发孔

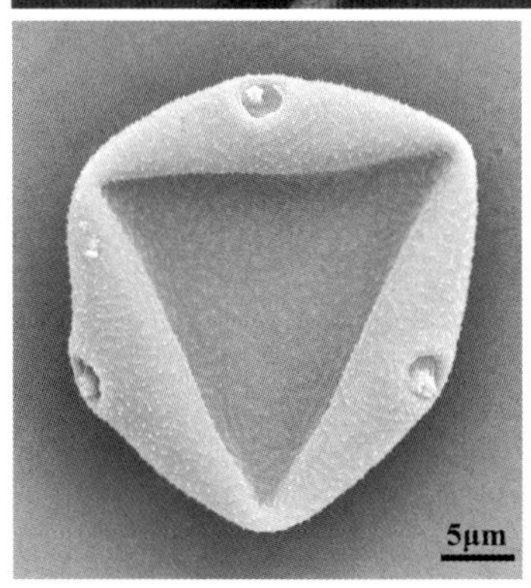

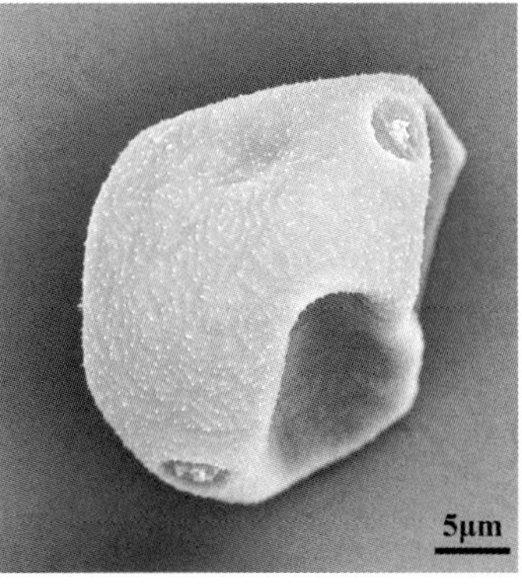

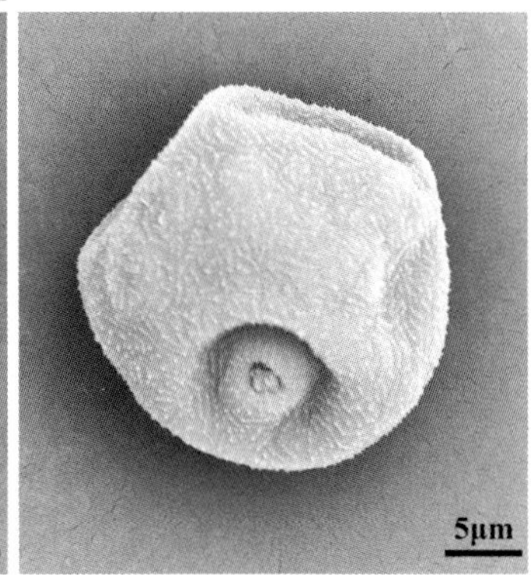

菊科

蒲公英

菊科蒲公英属多年生草本，常见杂草，我国各地均有分布，北京公园中有栽植。花两性，头状花序，舌状花黄色。虫媒花，花期4～9月。

花粉粒近球形，长23.50～37.50μm，平均29.04 ± 1.28μm；宽21.50～35.80μm，平均27.58 ± 1.49μm。具3孔沟，边萌发孔。外壁表面具网状纹饰，网脊具小穴状纹饰及刺状结构，刺长1.18～1.83μm，平均1.46 ± 0.06μm；刺基部宽0.23～0.39μm，平均0.31 ± 0.01μm。

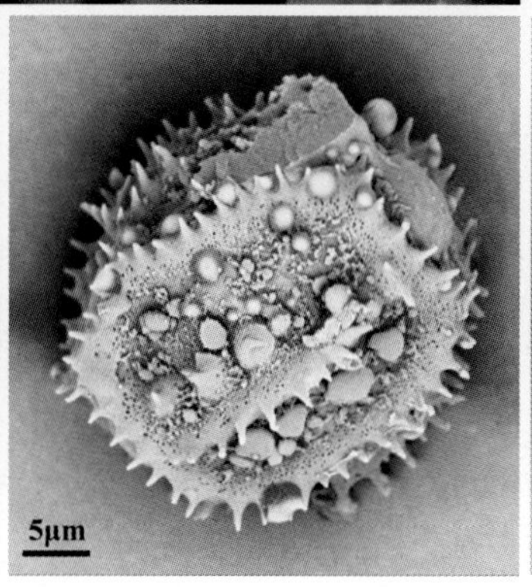

1

2 | 3 | 4

1. 花
2. 整体观
3. 网眼
4. 网脊

木兰科

杂交马褂木

木兰科鹅掌楸属落叶乔木，又称杂种鹅掌楸，是以中国鹅掌楸为母本、北美鹅掌楸为父本获得的人工杂交种，北京地区有栽植。花两性，生于小枝顶端，6瓣，单层，花瓣橙黄色。虫媒花，花期4月，先叶后花。

花粉粒近球形，具远极单沟，异极，两侧对称。极面观椭圆形，长43.30～55.30μm，平均49.25 ± 1.12μm；宽29.90～49.80μm，平均38.22 ± 3.87μm。赤道面观半圆形，高16.40～42.70μm，平均28.85 ± 3.46μm。萌发沟较宽，外壁表面具小穴状纹饰。

1
2 | 3 | 4

1. 花
2. 近极面观
3. 远极面观
4. 赤道面观

木犀科

金枝白蜡

木犀科梣属落叶乔木，小枝黄褐色，粗糙，分布于我国各地，北京有栽植。花单性，雌雄异株，圆锥花序顶生或侧生。风媒花，先于叶开放，花期4月。

花粉粒长椭球形，具4萌发沟。极面观4裂正方形，边长10.60～17.60μm，平均14.38 ± 0.40μm。赤道面观长方形，长23.40～27.20μm，平均25.41 ± 0.41μm；宽15.80～20.40μm，平均18.00 ± 0.41μm。萌发沟长15.30～20.90μm，平均17.93 ± 0.38μm。外壁表面具网状纹饰，网眼多角形，内无颗粒，网眼直径0.75～1.39μm，平均1.00 ± 0.05μm；网脊宽0.33～0.69μm，平均0.50 ± 0.03μm。

1

2 | 3 | 4

1. 雄花序
2. 极面观
3. 赤道面观
4. 萌发沟

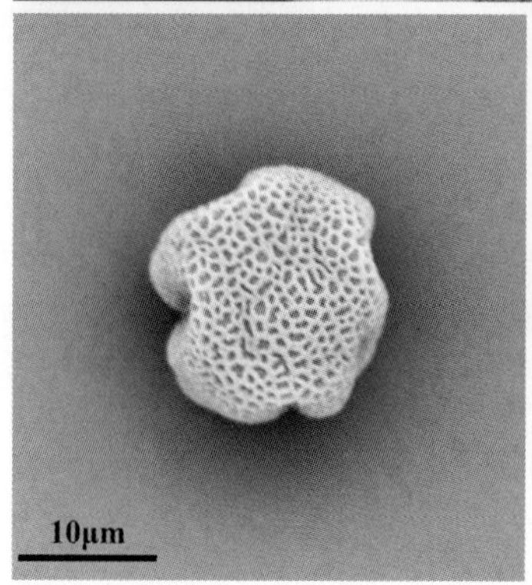

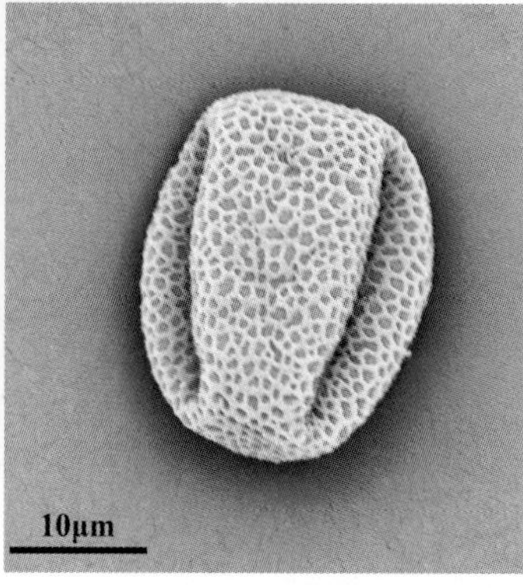

京黄洋白蜡

木犀科梣属落叶乔木，是从洋白蜡中选育出的新品种，其秋叶金黄且变色后能宿存14天以上，北京有栽植。花单性，雌雄异株，圆锥花序顶生或侧生。风媒花，先于叶开放，花期4月。

花粉粒长椭球形，具4萌发沟。极面观4裂正方形，边长15.10～21.10μm，平均17.83±0.53μm。赤道面观长方形，长21.20～26.40μm，平均23.40±0.73μm；宽15.00～21.90μm，平均18.49±0.91μm。萌发沟长10.10～21.60μm，平均16.66±0.34μm。外壁表面具网状纹饰，网眼多角形，内无颗粒，网眼直径0.64～1.09μm，平均0.88±0.05μm；网脊宽0.34～0.58μm，平均0.43±0.02μm。

1. 雄花序
2. 极面观
3. 赤道面观
4. 萌发沟

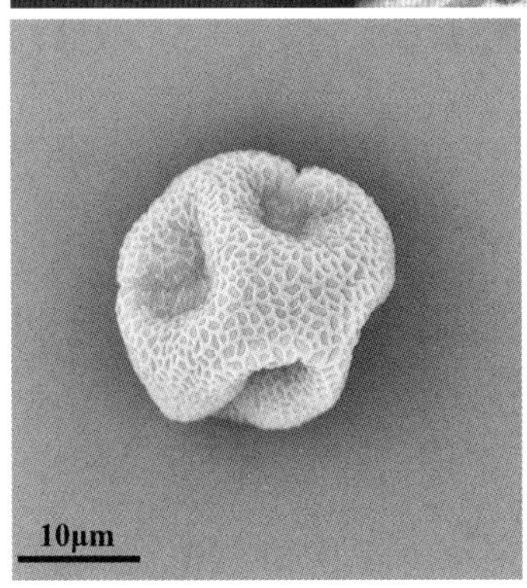

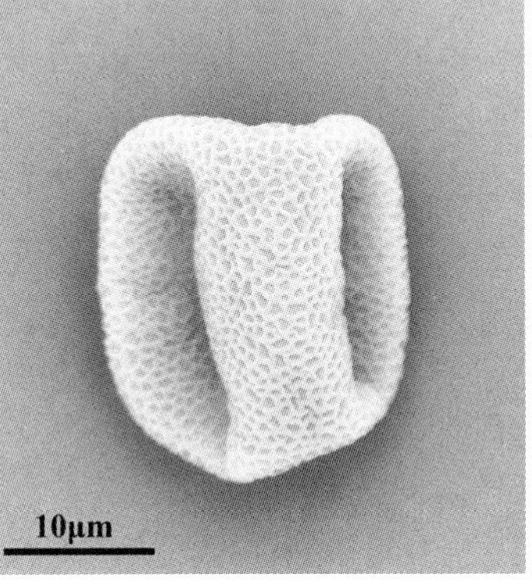

秋紫白蜡

木犀科梣属落叶乔木，10月初叶片变为紫红色，原产于美国，北京有引种栽植。花单性，雌雄异株，圆锥花序顶生或侧生。风媒花，先于叶开放，花期4月。

花粉粒长椭球形，具4萌发沟。极面观4裂正方形，边长13.20～17.90μm，平均15.37 ± 0.37μm。赤道面观长方形，长24.20～30.70μm，平均27.70 ± 0.69μm；宽14.90～21.40μm，平均18.94 ± 0.76μm。萌发沟长17.30～22.90μm，平均19.62 ± 0.48μm。外壁表面具网状纹饰，网眼稀疏，多角形，内无颗粒，网眼直径0.24～0.85μm，平均0.54 ± 0.09μm；网脊宽0.51～0.86μm，平均0.66 ± 0.04μm。

1
2 | 3 | 4

1. 雄花序
2. 极面观
3. 赤道面观
4. 萌发沟

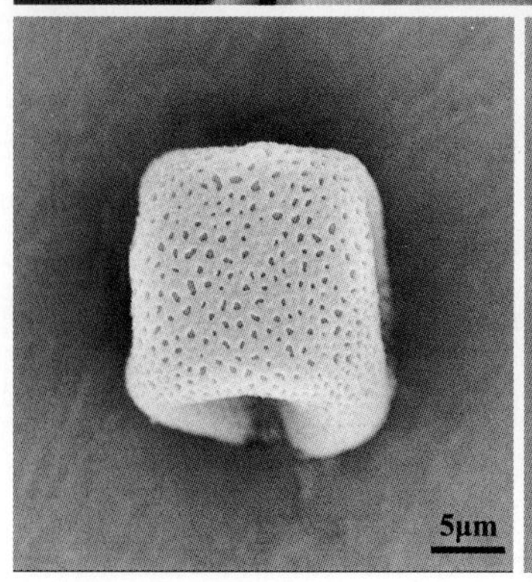

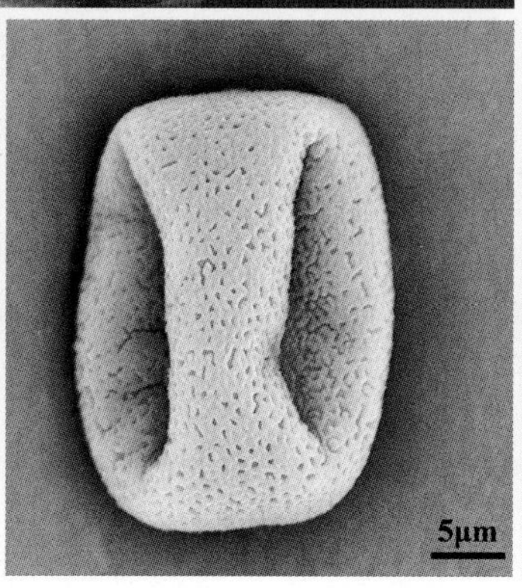

绒毛白蜡

木犀科梣属落叶乔木，小枝密被短柔毛，原产于北美，北京有栽植。花单性，雌雄异株，圆锥花序顶生或侧生。风媒花，先于叶开放，花期4月。

花粉粒长椭球形，具4萌发沟。极面观4裂正方形，边长12.40～17.60μm，平均15.00 ± 0.35μm。赤道面观长方形，长21.50～26.60μm，平均24.06 ± 0.67μm；宽17.70～20.80μm，平均19.34 ± 0.41μm。萌发沟长13.40～18.70μm，平均16.47 ± 0.38μm。外壁表面具网状纹饰，网眼多角形，内无颗粒，网眼直径0.56～0.91μm，平均0.73 ± 0.04μm；网脊宽0.23～0.50μm，平均0.39 ± 0.02μm。

1		
2	3	4

1. 雄花序
2. 极面观
3. 赤道面观
4. 萌发沟

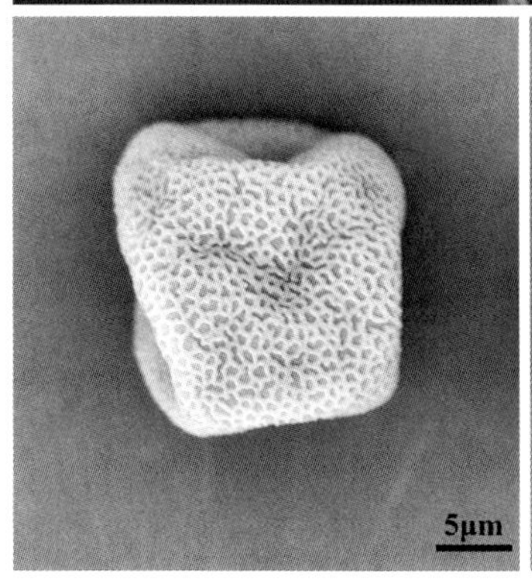

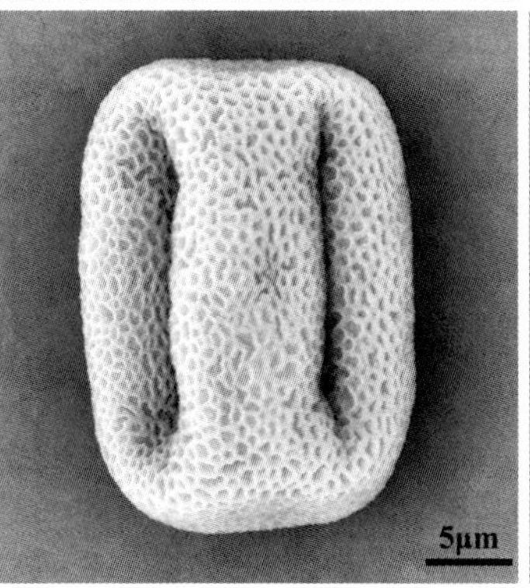

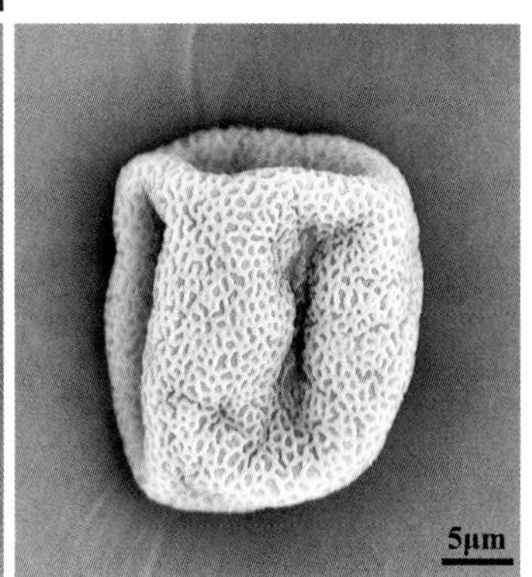

洋白蜡

木犀科梣属落叶乔木，原产于北美，北京广泛栽植。花单性，雌雄异株，圆锥花序顶生或侧生。风媒花，先于叶开放，花期4月。

花粉粒长椭球形，具4萌发沟。极面观4裂正方形，边长11.40～14.50μm，平均13.18 ± 0.28μm。赤道面观长方形，长21.50～26.50μm，平均24.51 ± 0.39μm；宽12.40～18.80μm，平均16.32 ± 0.48μm。萌发沟长14.50～20.80μm，平均17.83 ± 0.47μm。外壁表面具网状纹饰，网眼多角形，内无颗粒，网眼直径0.49～1.14μm，平均0.83 ± 0.07μm；网脊宽0.28～0.53μm，平均0.38 ± 0.02μm。

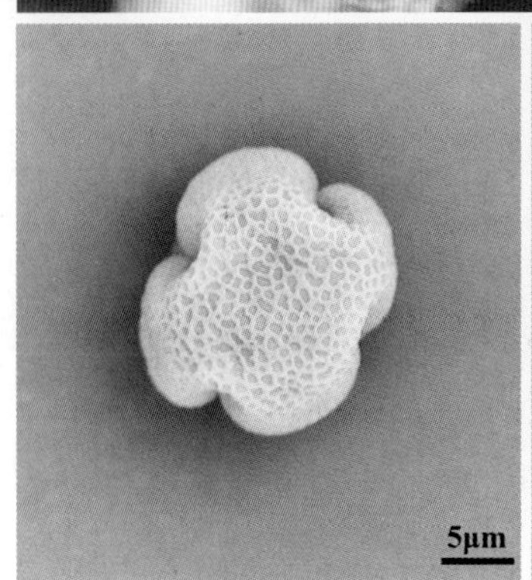

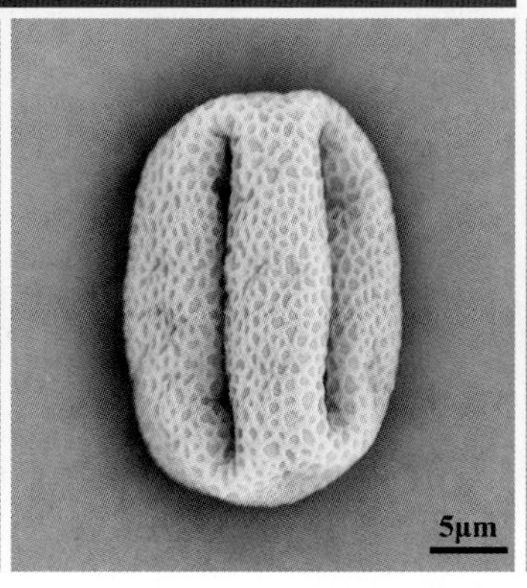

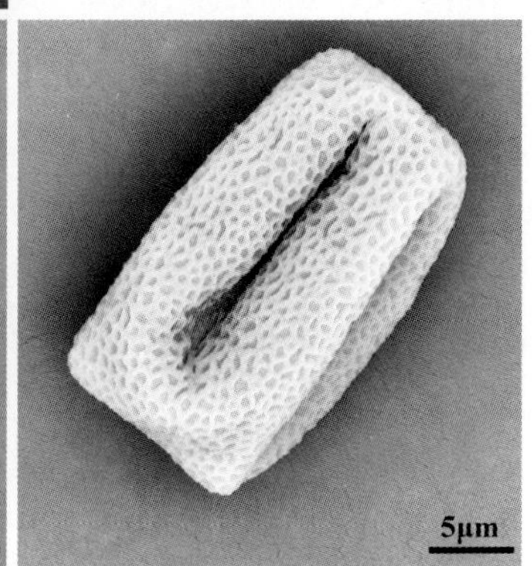

1

2 | 3 | 4

1. 雄花序
2. 极面观
3. 赤道面观
4. 萌发沟

蔷薇科

碧桃

蔷薇科桃属落叶小乔木，桃的观赏变种，北京地区重要的早春观花树种。叶片绿色或红色。花两性，重瓣，花瓣白色或红色。虫媒花，花期4月，先叶开放。

花粉粒长椭球形，具3萌发沟。极面观3裂圆形，直径30.90～46.70μm，平均39.74 ± 2.20μm。赤道面观长椭圆形，长54.90～67.10μm，平均62.20 ± 1.22μm；宽28.60～37.50μm，平均31.67 ± 1.05μm。外壁表面具细条纹状纹饰，条脊宽约0.35μm，脊间有小孔。

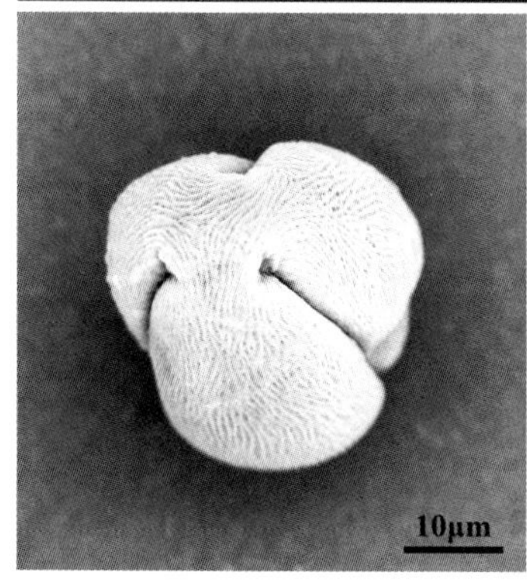

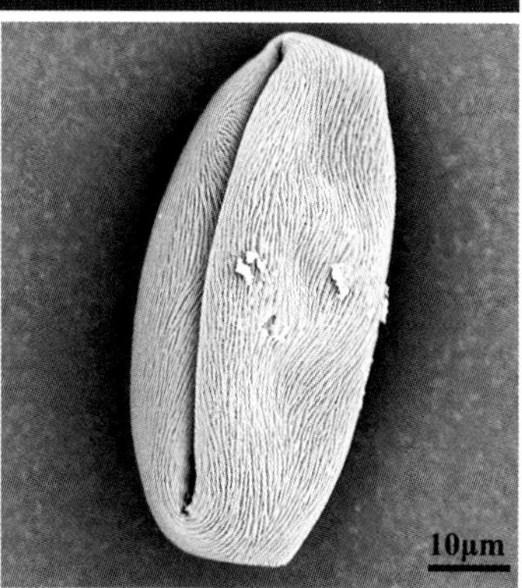

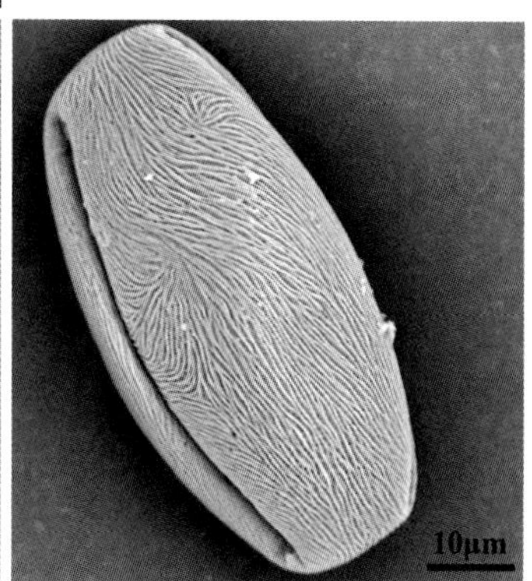

1
2 | 3 | 4

1. 花
2. 极面观
3、4. 赤道面观

日本晚樱

蔷薇科樱属落叶小乔木，原产于日本，北京地区重要的早春观花树种。花两性，重瓣，花瓣白色或粉红色。虫媒花，花期4月，先叶开放。

花粉粒长椭球形，具3萌发沟。极面观3裂圆形，直径23.90～27.40μm，平均24.98±0.51μm。赤道面观长椭圆形，长27.30～32.90μm，平均30.92±0.98μm；宽21.10～26.50μm，平均23.40±0.57μm。外壁表面具粗条纹状纹饰，条脊宽约0.75μm。

1 ｜ 2 ｜ 3 ｜ 4

1. 花　2. 极面观

3、4. 赤道面观

壳斗科

槲栎

壳斗科栎属落叶乔木，分布于我国河北、江苏、浙江、湖南、湖北、四川和甘肃等省，北京有分布。叶缘具波状钝齿，叶背面密生白色星状毛，叶柄长，常为1～3cm。花单性，雌雄同株；雄花为下垂的柔荑花序；雌花常单生。风媒花，花期4月。

花粉粒长椭球形，具3萌发沟。极面观3裂圆形，赤道面观长椭圆形，长40.90～47.00μm，平均43.18 ± 0.51μm；宽23.20～29.60μm，平均25.58 ± 0.56μm。萌发沟长24.80～38.70μm，平均32.27 ± 1.19μm。外壁表面具瘤状纹饰。

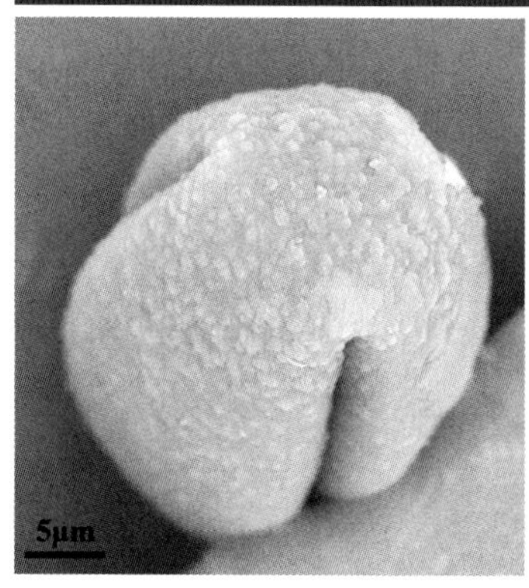

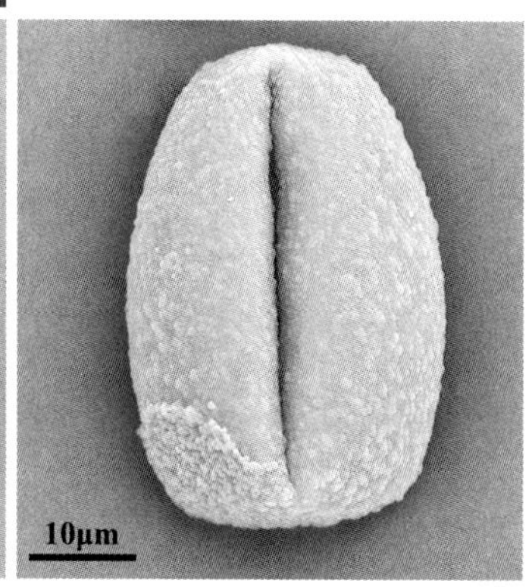

1
2 | 3 | 4

1. 雄花序
2. 极面观
3. 赤道面观
4. 萌发沟

蒙古栎

壳斗科栎属落叶乔木，分布于我国山东、山西、河北、内蒙古和东北，北京有分布。叶缘具波状钝齿，叶柄极短，常0.5cm以下。花单性，雌雄同株；雄花为下垂的柔荑花序；雌花常单生。风媒花，花期4月。

花粉粒长椭球形，具3萌发沟。极面观3裂圆形，赤道面观长椭圆形，长38.40～46.00μm，平均42.67 ± 0.59μm；宽21.90～27.50μm，平均24.22 ± 0.47μm。萌发沟长29.40～40.90μm，平均36.80 ± 0.90μm。外壁表面具瘤状纹饰。

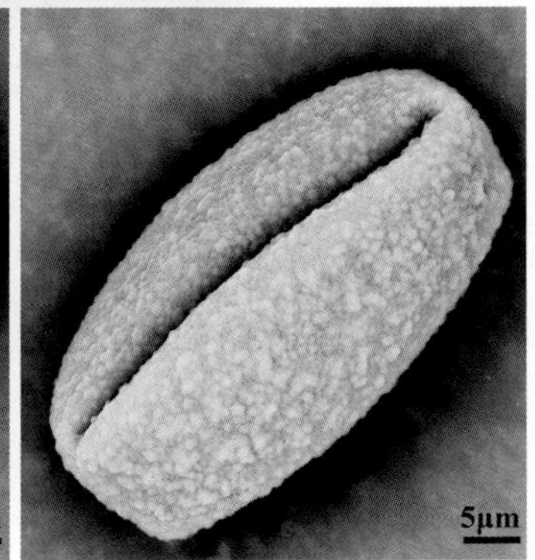

1 | 2 | 3 | 4

1. 雄花序
2. 极面观和赤道面观
3、4. 赤道面观

栓皮栎

壳斗科栎属落叶乔木，分布于我国山东、山西、河北和陕西等省，北京有分布。叶缘具刺芒状锯齿，叶背灰白色，具白色星状毛。花单性，雌雄同株；雄花为下垂的柔荑花序，腋生于新枝上；雌花常单生。风媒花，花期4月。

花粉粒长椭球形，具3萌发沟。极面观3裂圆形，赤道面观长椭圆形，长38.10～45.50μm，平均41.53 ± 0.55μm；宽22.20～26.90μm，平均24.82 ± 0.45μm。萌发沟长29.90～36.90μm，平均33.29 ± 0.49μm。外壁表面具瘤状纹饰。

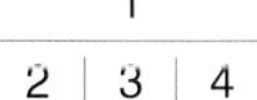

1. 雄花序
2. 极面观
3. 赤道面观
4. 萌发沟

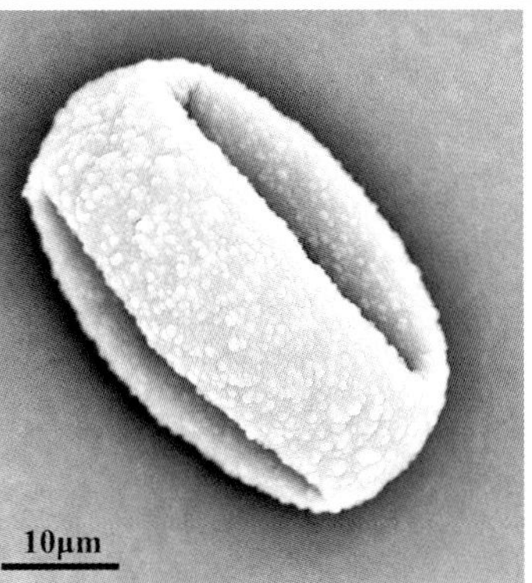

桑科

构树

桑科构树属落叶乔木，又称为楮树，分布于我国山东、河北、江苏、浙江、湖北等省，北京有分布。花单性，雌雄异株，雄花为下垂的柔荑花序，雌花为球形头状花序。风媒花，花期4月。

花粉粒球形，具2～3萌发孔。极面观和赤道面观均为圆形，直径9.52～15.10μm，平均12.52 ± 0.27μm。萌发孔圆形，直径1.07～6.96μm，平均2.06 ± 0.55μm；具孔膜。外壁表面具短刺状纹饰。

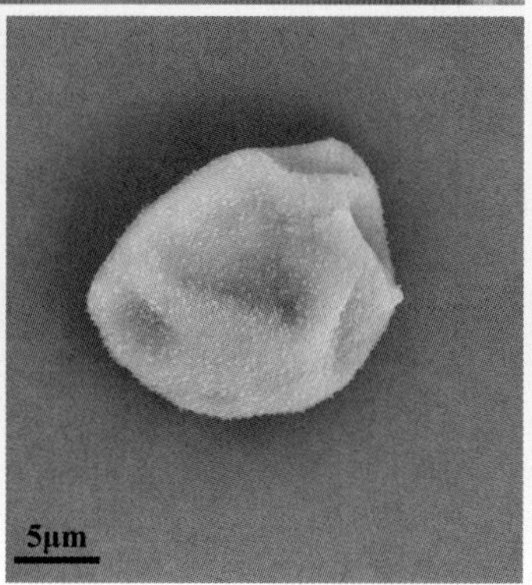

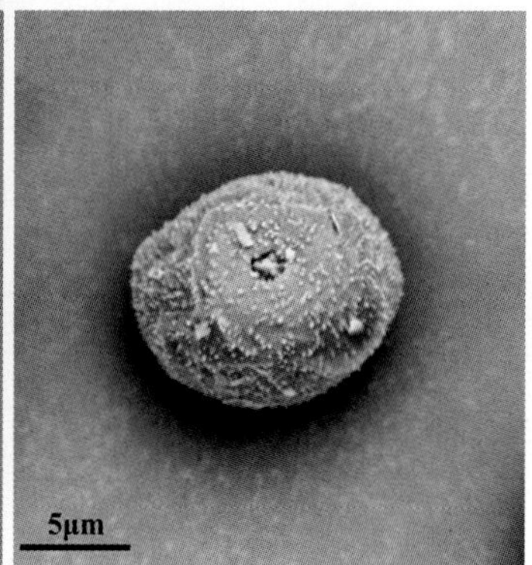

1
2 | 3 | 4

1. 雄花序
2、3. 极面观
4. 赤道面观

桑树

桑科桑属落叶乔木，我国各地均有分布，北京常见栽植。花单性，雌雄异株，雌、雄花均为柔荑花序。风媒花，花期4月。

花粉粒球形，具2～3萌发孔。极面观和赤道面观均为圆形，直径17.00～23.10μm，平均19.09±0.53μm。萌发孔圆形，直径1.86～5.77μm，平均3.96±0.58μm；具孔膜。外壁表面具短刺状纹饰。

1		
2	3	4

1. 雄花序

2、3. 极面观

4. 赤道面观

杉科

水杉

杉科水杉属落叶乔木，我国特有种，原产于重庆万州和湖北利川一带，北京各公园常见栽植。花单性，雌雄同株，雄球花单生于枝顶。风媒花，花期4月初，球果当年10月成熟。

花粉粒球形，近极面观圆形，直径21.50～26.90μm，平均23.86 ± 0.30μm。远极面观圆形，具1薄壁区，失水凹陷，萌发孔位于凹陷的中央，薄壁区11.40～17.30μm，平均13.41 ± 0.57μm。赤道面观半圆形，高11.30～18.30μm，平均14.29 ± 0.71μm。萌发孔圆锥形，高4.21～11.10μm，平均7.51 ± 1.21μm。外壁表面具皱纹和颗粒状纹饰，乌氏体颗粒单个或聚集成堆。

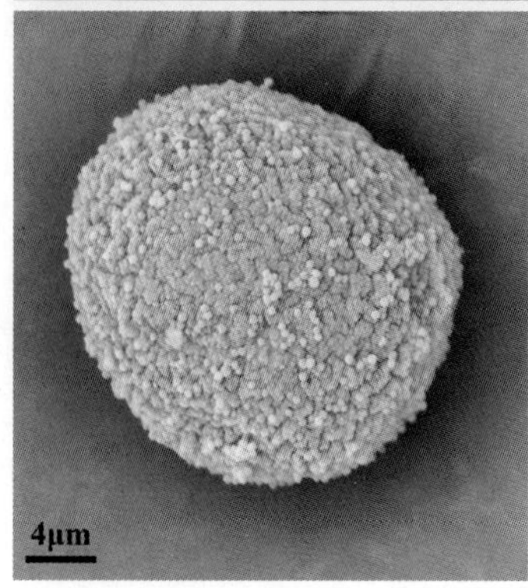

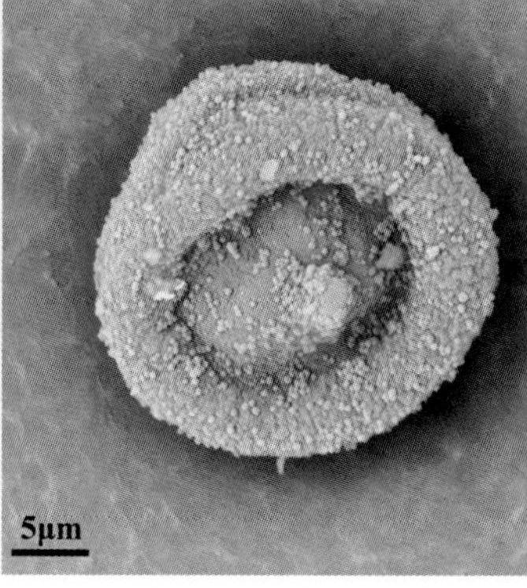

1
2 | 3 | 4

1. 雄球花
2. 近极面观
3. 远极面观
4. 赤道面观

松科

油松

松科松属常绿乔木，产于我国东北、华北、西北和西南各省份，北京山区及市内各公园广泛栽植，古树众多。叶2针一束，长10～15cm。花单性，雌雄同株，雄球花聚生于新枝基部，雌球花单生或数枚聚生于新枝近顶端。风媒花，花期4月中下旬，球果长4～9cm，次年9～10月成熟。

花粉粒具2个气囊和1远极沟。近极面观体近圆形，气囊可见；远极面观气囊长半圆形，两气囊间沟较宽。短赤道面观蘑菇形；长赤道面观帽形，体与气囊间凹角明显。花粉粒长45.20～63.90μm，平均57.21 ± 1.51μm；宽32.70～48.50μm，平均40.29 ± 1.23μm。体宽21.40～50.20μm，平均39.43 ± 2.65μm。气囊宽20.10～40.20μm，平均27.58 ± 0.92μm。体外壁表面具芽孢颗粒状纹饰；气囊表面具负网状－小穴状纹饰。

1	2
3	4

1. 近极面观
2. 远极面观
3. 长赤道面观
4. 短赤道面观

云杉

松科云杉属常绿乔木，北京公园绿地引种栽植。花单性，雌雄同株，雄球花单生于叶腋，雄蕊螺旋状排列；雌球花单生于顶端，紫红色。风媒花，花期4月中旬，球果当年9～10月成熟。

花粉粒具2个气囊和1远极沟。近极面观体近圆形，气囊可见；远极面观气囊长半圆形，两气囊间沟较宽。短赤道面观蘑菇形；长赤道面观帽形，体与气囊间凹角明显。花粉粒长101.00～124.00μm，平均113.7 ± 2.10μm；宽48.20～71.50μm，平均62.75 ± 3.25μm。体宽61.90～89.00μm，平均74.25 ± 2.84μm。气囊宽39.60～48.80μm，平均44.08 ± 1.46μm。体外壁表面具芽孢颗粒状纹饰；气囊表面具负网状－小穴状纹饰。

1 | 2
3 | 4

1. 近极面观
2. 远极面观
3. 长赤道面观
4. 短赤道面观

小檗科

紫叶小檗

小檗科小檗属落叶灌木，为日本小檗的紫叶变种，原产于日本，北京广泛栽植，常作绿篱。花两性，单生或2～3朵聚成伞形花序，花瓣黄色。虫媒花，花期4月。

花粉粒近球形，具螺旋状萌发沟。直径34.40～40.10μm，平均36.78±0.43μm。萌发沟宽2.08～4.75μm，平均3.16±0.16μm；沟膜隆起，具颗粒。外壁表面具负网状纹饰，网脊具小孔。

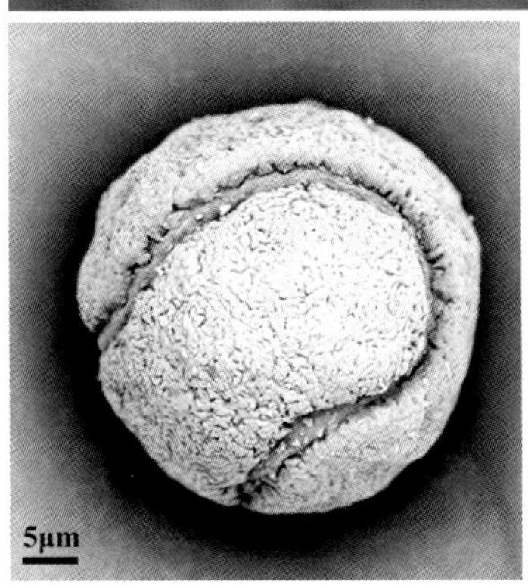

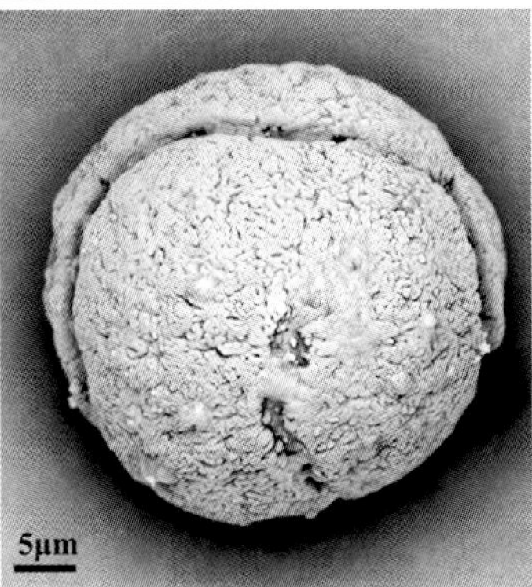

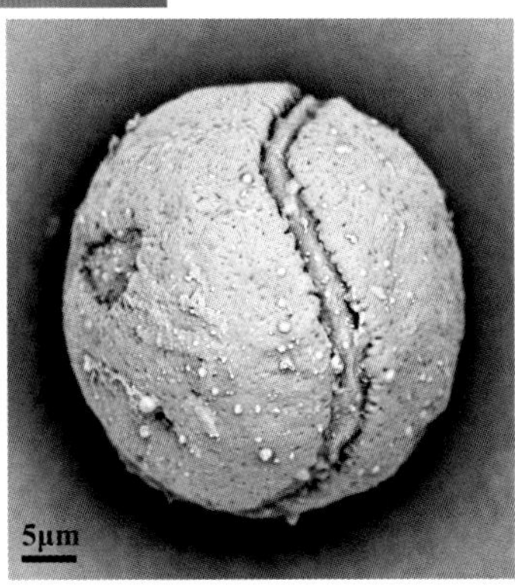

1 | 2 | 3 | 4

1. 花
2、3、4. 整体观

悬铃木科

二球悬铃木

悬铃木科悬铃木属落叶乔木，又称英国梧桐，原产于欧洲，北京有栽植。花单性，雌雄同株，雌花和雄花均为球形头状花序，生于不同的花枝上，每个花枝上通常2个花序。风媒花，花期4月。

花粉粒长椭球形，具3～4萌发沟。极面观3裂圆形或正方形，赤道面观长椭圆形，长25.00～28.80μm，平均26.71 ± 0.40μm；宽15.60～20.30μm，平均17.28 ± 0.35μm。萌发沟长16.30～21.80μm，平均19.46 ± 0.49μm，内具颗粒。外壁表面具网状纹饰，网眼多角形，内无颗粒，网眼直径0.37～0.96μm，平均0.71 ± 0.05μm；网脊宽0.31～0.47μm，平均0.37 ± 0.02μm。

1

2 | 3 | 4

1. 雄花序
2. 极面观
3. 赤道面观
4. 萌发沟

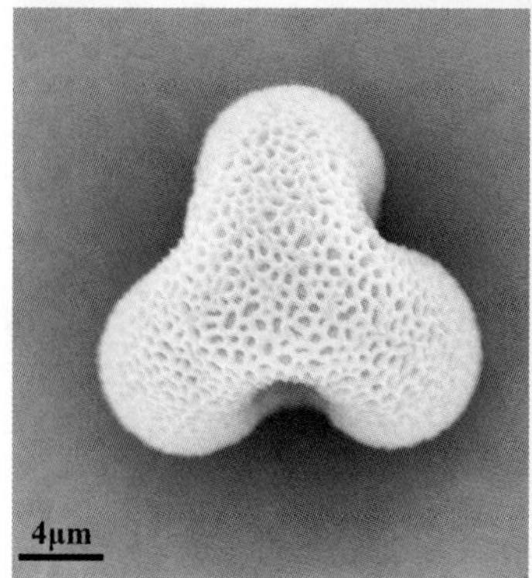

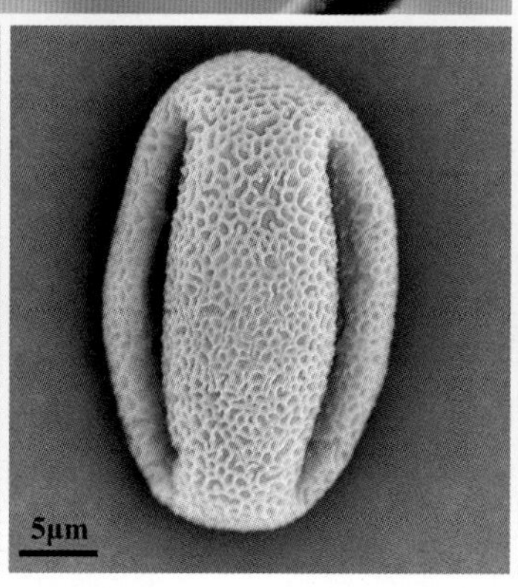

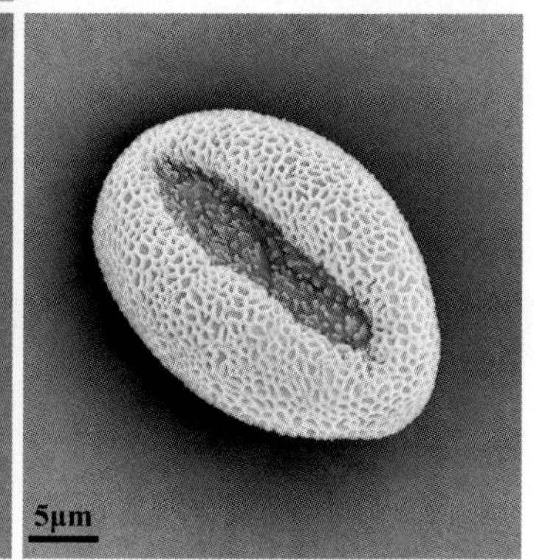

一球悬铃木

悬铃木科悬铃木属落叶乔木，又称美国梧桐，原产于北美，北京有栽植。花单性，雌雄同株，雌花和雄花均为球形头状花序，生于不同的花枝上，通常单生。风媒花，花期4月。

花粉粒长椭球形，具3～4萌发沟。极面观3裂圆形或正方形，赤道面观长椭圆形，长24.20～28.60μm，平均25.95±0.39μm；宽14.10～19.00μm，平均16.90±0.44μm。萌发沟长16.80～20.80μm，平均18.89±0.41μm，内具颗粒。外壁表面具网状纹饰，网眼多角形，内无颗粒，网眼直径0.63～1.32μm，平均0.83±0.06μm；网脊宽0.33～0.51μm，平均0.40±0.02μm。

1		
2	3	4

1.雄花序　2.极面观
3.赤道面观　4.萌发沟

玄参科

毛泡桐

玄参科泡桐属落叶乔木，北京有栽植。花两性，圆锥花序，花冠紫色，漏斗状钟形。虫媒花，花期4月。

花粉粒长椭球形，具3孔沟。极面观3裂圆形，赤道面观长椭圆形，长17.40～20.90μm，平均19.67 ± 1.13μm；宽12.20～17.00μm，平均14.33 ± 0.76μm。萌发沟宽1.47～3.16μm，平均2.02 ± 0.40μm，中央具圆形萌发孔。外壁表面具网状纹饰，网眼多角形，中空，直径0.49～0.68μm，平均0.57 ± 0.03μm；网脊宽0.37～0.64μm，平均0.46 ± 0.05μm，具细颗粒。

1		
2	3	4

1. 花序
2. 极面观
3. 赤道面观
4. 萌发孔(沟)

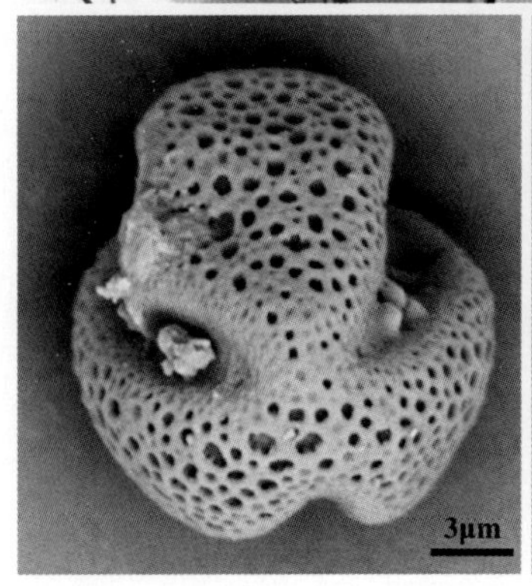

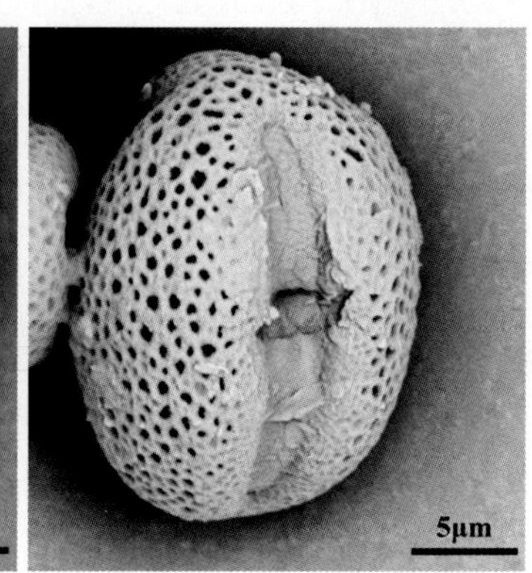

银杏科

银杏

银杏科银杏属落叶乔木，又称公孙树、白果树，原产于我国，北京地区广泛栽植，现存部分古树。花单性，雌雄异株，生于短枝鳞状叶腋；雄球花具梗，柔荑花序；雌球花具梗，梗端二叉分枝，叉端各生1直立胚珠。风媒花，花期4月，先叶后花。

花粉粒橄榄形，具远极单沟，异极，两侧对称。近极面观近橄榄形；远极面观近橄榄形，见1沟，长29.80～33.90μm，平均31.83 ± 0.34μm；宽14.70～19.50μm，平均15.88 ± 0.39μm；沟长至极面两端。长赤道面观舟形，高11.10～15.60μm，平均12.82 ± 0.45μm；短赤道面观肾形，见1沟。外壁表面具短条纹状和小穴状纹饰，条纹长短和粗细不一，排列不规则。

1 | 2
3 | 4

1. 近极面观
2. 远极面观
3. 长赤道面观
5. 短赤道面观

榆科

大叶榉

榆科榉属落叶乔木，分布于我国陕西南部、甘肃南部和长江以南地区，北京有栽植。单性花，雄花簇生于叶腋，先于叶开放。风媒花，花期4月。

花粉粒扁球形，直径35.20～44.40μm，平均39.66 ± 0.62μm。具5萌发孔，分布在赤道上，孔圆形，直径3.40～5.22μm，平均4.21 ± 0.12μm；孔内具颗粒。外壁表面具浅脑纹状和细颗粒状纹饰。

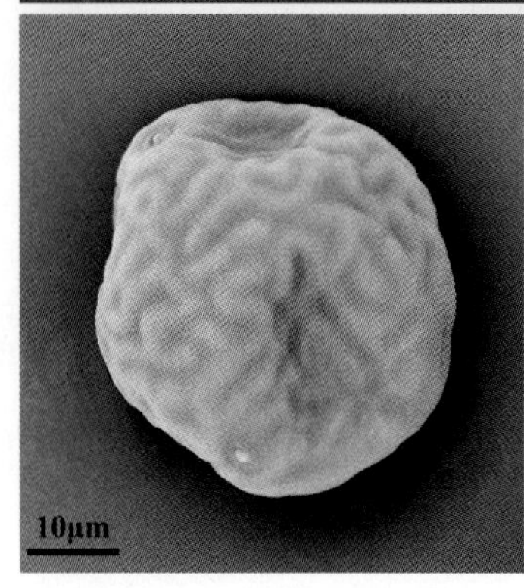

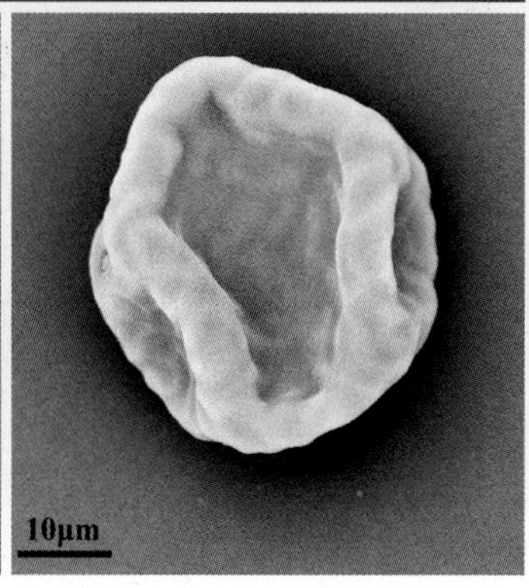

1
2 | 3 | 4

1. 雄花
2、3. 极面观
4. 赤道面观

03

5月
开花植物

车前科

平车前

车前科车前属1年生草本，又称小车前，分布于我国各地，北京路边常见杂草。叶基生，长卵状披针形。花两性，穗状花序，直立，长约2～18cm。风媒花，花期5月。

花粉粒近球形，直径19.80～25.30μm，平均22.17 ± 0.33μm。具4～5萌发孔，分布在赤道上，孔圆形，直径2.66～7.54μm，平均4.28 ± 0.23μm；孔内具颗粒。外壁表面具粗扁颗粒状纹饰和短刺状纹饰，颗粒直径1.26～1.77μm，平均1.50 ± 0.05μm。

1
2 | 3 | 4

1. 花序
2. 极面观
3. 赤道面观
4. 萌发孔

唇形科

荆芥

唇形科荆芥属多年生草本，分布于我国华北、西北和西南地区，北京公园有栽植。叶卵状至三角状心形。花两性，聚伞花序，花冠浅紫色，有深紫色斑点。虫媒花，花期5月。

花粉粒近球形，极面观圆形，直径18.50～38.90μm，平均29.13 ± 3.49μm。赤道面观椭圆形，高41.60～49.50μm，平均46.26 ± 1.03μm。具6～8萌发沟，沟长34.10～41.30μm，平均37.08 ± 1.24μm；沟内具颗粒。外壁表面具复网状纹饰，大网眼直径1.37～3.19μm，平均1.89 ± 0.21μm；小网眼直径0.30～0.75μm，平均0.48 ± 0.04μm。

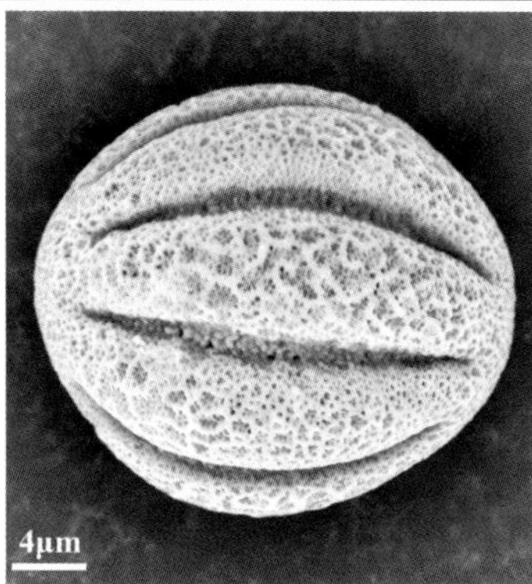

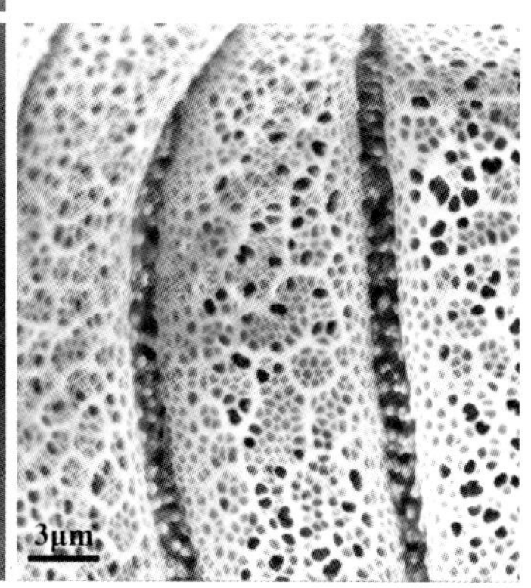

1. 花
2. 极面观
3. 赤道面观
4. 纹饰

禾本科

白茅

禾本科白茅属多年生草本，常见杂草，分布于我国各地，生于山坡、路旁和草地上。花两性，圆锥花序，顶生，紧缩成穗状。风媒花，花期5月。

花粉粒长球形，具远极单孔、具孔盖，孔盖凹陷，孔环稍突起；赤道面易凹陷。花粉粒长29.40～35.80μm，平均32.31±0.38μm；宽21.80～29.90μm，平均27.18±0.81μm。萌发孔长2.55～4.47μm，平均3.34±0.16μm；宽2.42～3.14μm，平均2.87±0.17μm。孔盖长1.14～2.32μm，平均1.81±0.11μm；宽1.27～2.45μm，平均1.67±0.26μm。外壁表面具负网状纹饰，网眼内具细颗粒，均匀排列。

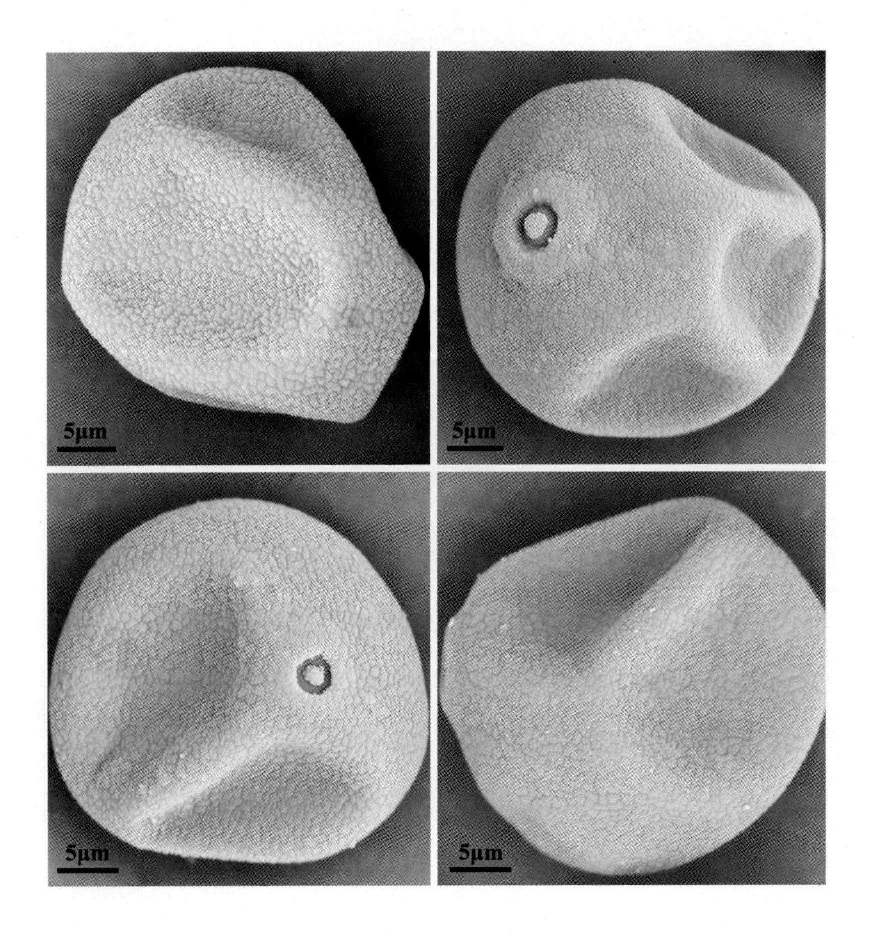

1	2
3	4

1. 近极面观

2、3. 远极面观

4. 赤道面观

臭草

禾本科臭草属多年生草本，常见杂草，分布于我国华北和西北地区，生于山野、路旁和荒地上。花两性，圆锥花序，顶生。风媒花，花期5月。

花粉粒长球形，具远极单孔、具孔盖，孔盖凹陷，孔环稍突起；赤道面易凹陷。花粉粒长30.40～38.90μm，平均33.92±0.48μm；宽22.30～32.70μm，平均28.09±0.71μm。萌发孔长3.77～4.60μm，平均4.24±0.06μm；宽2.34～4.01μm，平均3.44±0.16μm。孔盖长1.29～3.49μm，平均2.04±0.14μm；宽0.93～1.90μm，平均1.45±0.08μm。外壁表面具细颗粒状纹饰，几个颗粒聚成小团块状。

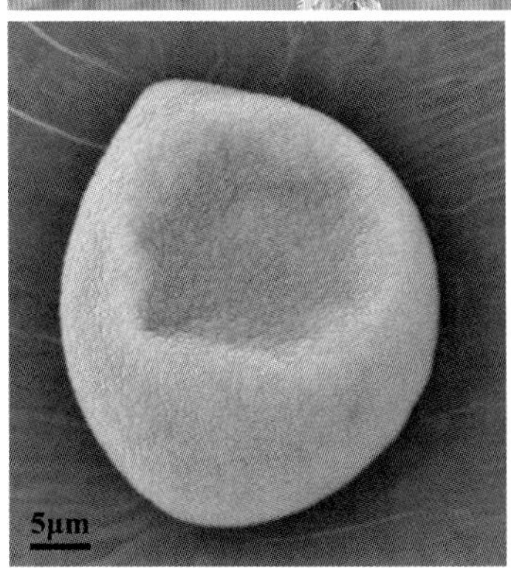

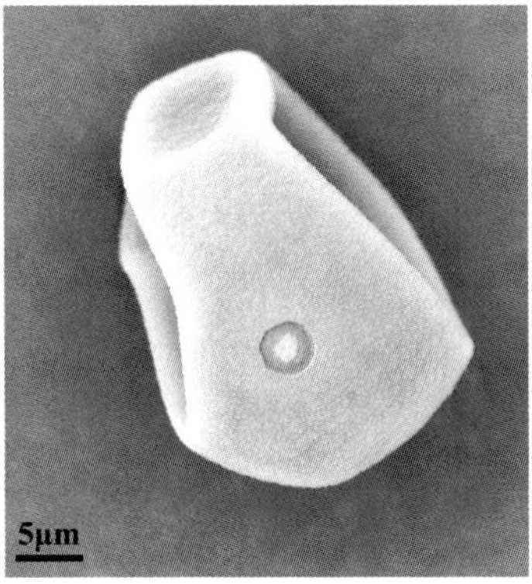

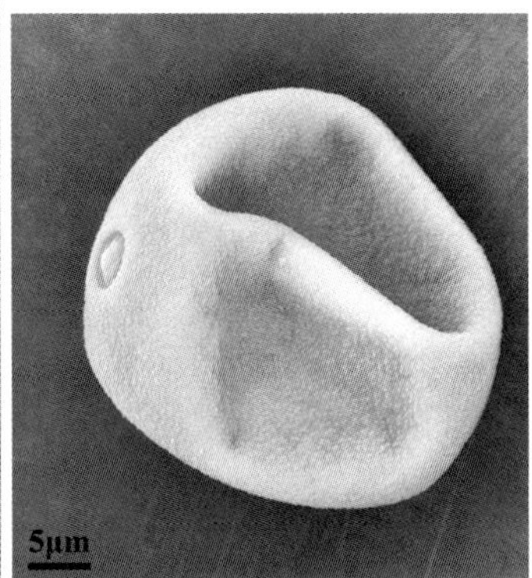

1
2 | 3 | 4

1. 花序
2. 近极面观
3. 远极面观
4. 赤道面观

鹅观草

禾本科鹅观草属多年生草本，常见杂草，分布于我国各地，生于山坡、水边和草地上。花两性，穗状花序，顶生。风媒花，花期5月。

花粉粒长球形，具远极单孔、具孔盖，孔盖凹陷，孔环稍突起；赤道面易凹陷。花粉粒长38.50～48.20μm，平均42.86±0.53μm；宽25.50～42.30μm，平均37.39±1.24μm。萌发孔长4.42～6.55μm，平均5.57±0.15μm；宽3.31～5.18μm，平均4.26±0.31μm。孔盖长1.62～3.09μm，平均2.25±0.12μm；宽1.47～2.01μm，平均1.68±0.09μm。外壁表面具细颗粒状纹饰，几个颗粒聚成小团块状。

1 / 2 | 3 | 4　1. 花序　2. 近极面观　3. 远极面观　4. 赤道面观

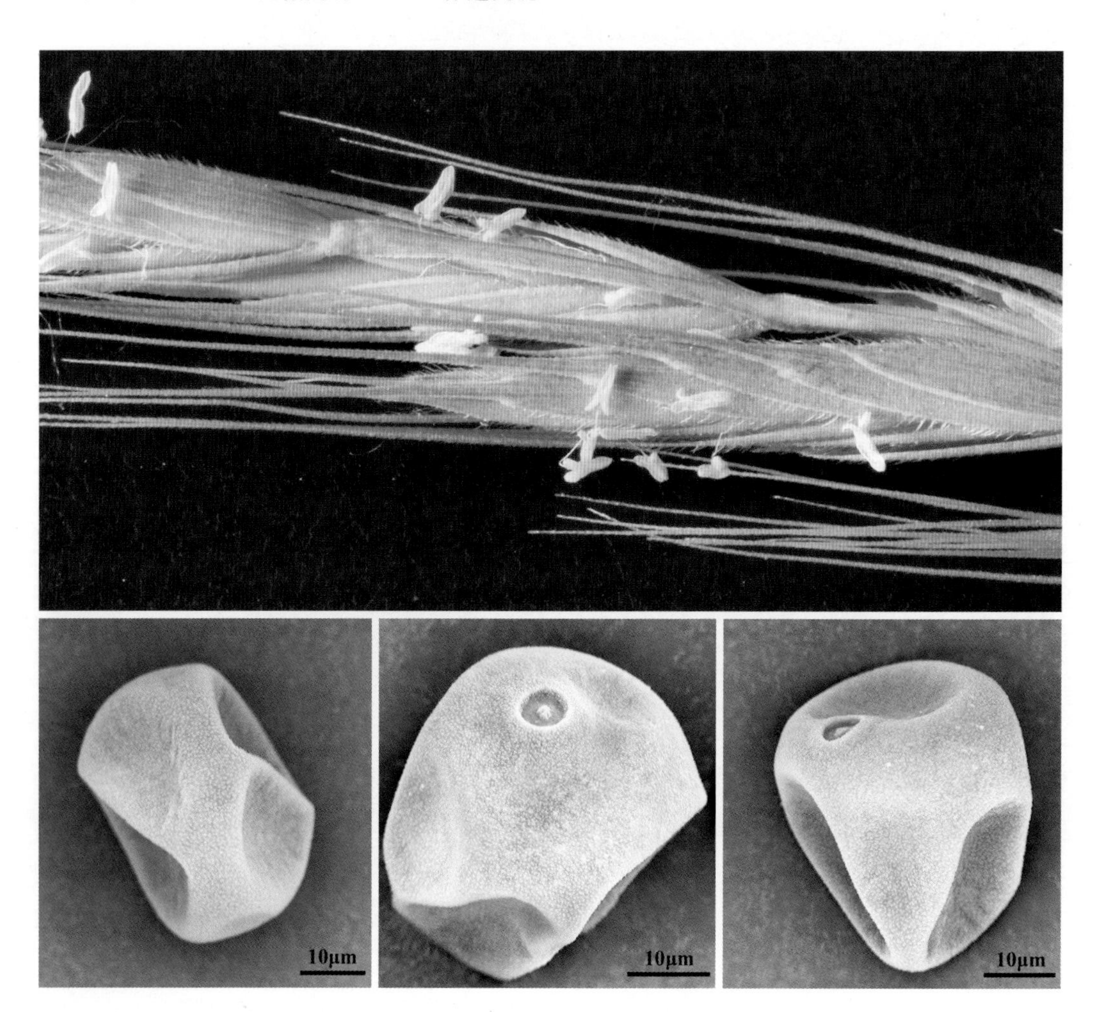

高羊茅

禾本科羊茅属多年生草本，又称苇状羊茅，是常见的冷季型草坪草种，分布于欧亚大陆寒温带，北京有引种栽植。花两性，圆锥花序，顶生。风媒花，花期5月。

花粉粒长球形，具远极单孔、具孔盖，孔盖凹陷，孔环稍突起；赤道面易凹陷。花粉粒长33.60～41.60μm，平均37.97±0.67μm；宽19.20～34.80μm，平均28.05±1.45μm。萌发孔长2.03～3.63μm，平均3.06±0.23μm；宽1.06～3.56μm，平均2.37±0.44μm。孔盖长1.02～3.18μm，平均1.95±0.38μm；宽0.81～1.63μm，平均1.18±0.20μm。外壁表面具细颗粒状纹饰，几个颗粒聚成小团块状。

1 | 2/3/4

1. 花序　2. 近极面观
3. 远极面观　4. 赤道面观

披碱草

禾本科披碱草属多年生草本，常见杂草，分布于我国北方地区，生于田埂、路旁和荒地上。花两性，穗状花序，下垂。风媒花，花期5月。

花粉粒长球形，具远极单孔、具孔盖，孔盖凹陷，孔环稍突起；赤道面易凹陷。花粉粒长44.40～55.90μm，平均50.14 ± 0.84μm；宽35.30～48.70μm，平均42.92 ± 1.18μm。萌发孔直径2.49～5.36μm，平均4.51 ± 0.30μm。孔盖直径1.04～1.74μm，平均1.39 ± 0.20μm。外壁表面具细颗粒状纹饰，均匀排列。

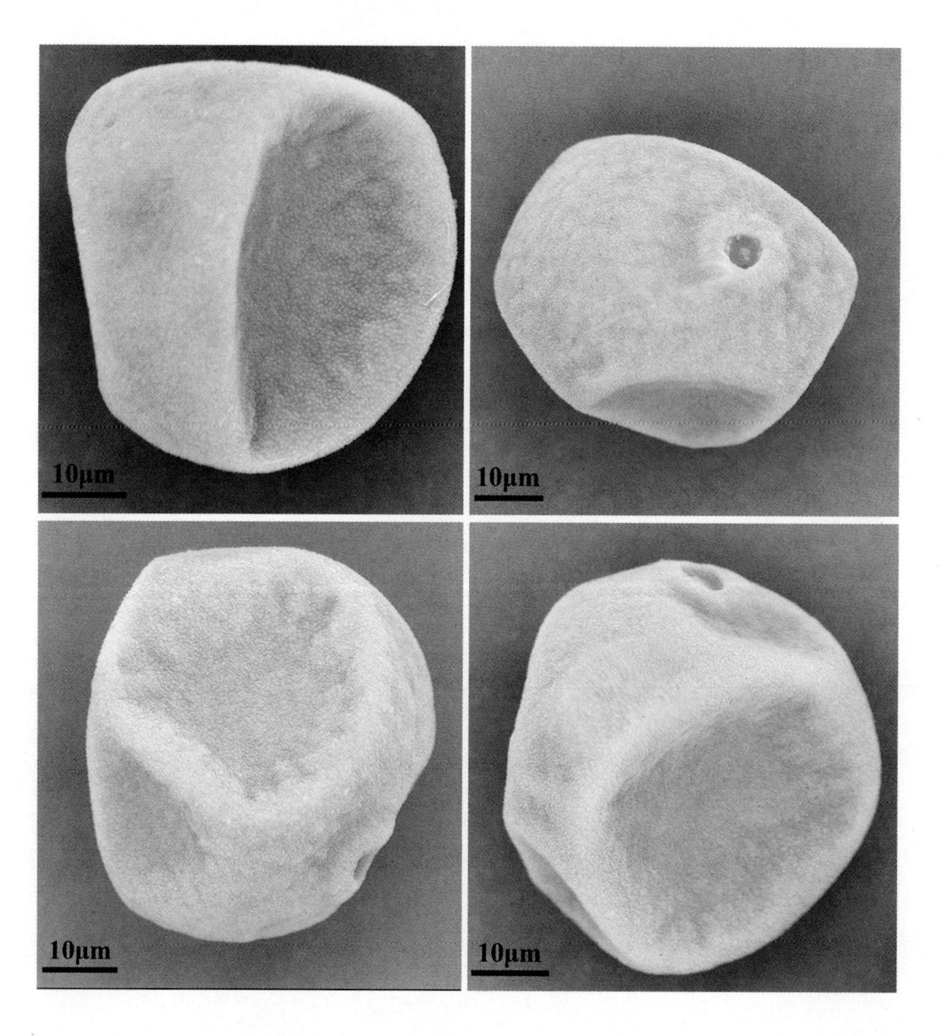

1	2
3	4

1. 近极面观　　2. 远极面观

3、4. 赤道面观

日本看麦娘

禾本科看麦娘属1年生草本，常见杂草，广泛分布于我国各地，生于田埂、路旁和荒地上。花两性，圆锥花序，顶生，紧缩成圆柱状，长3～10cm，宽0.4～1.0cm。风媒花，花期5月。

花粉粒长球形，具远极单孔、具孔盖，孔盖凹陷，孔环稍突起；赤道面易凹陷。花粉粒长26.80～35.80μm，平均31.79 ± 0.71μm；宽25.40～32.70μm，平均29.05 ± 0.70μm。萌发孔直径2.44～3.13μm，平均2.80 ± 0.13μm。孔盖直径0.92～1.50μm，平均1.27 ± 0.13μm。外壁表面具负网状纹饰，网眼内具细颗粒，均匀排列。

1
2 | 3 | 4

1. 花序
2. 近极面观
3. 远极面观
4. 赤道面观

银边芒

禾本科芒属多年生草本，常见观赏草，北京公园绿地有栽植。花两性，圆锥花序，顶生。风媒花，花期5月。

花粉粒长球形，具远极单孔、具孔盖，孔盖凹陷，孔环稍突起；赤道面易凹陷。花粉粒长26.80～31.20μm，平均28.67±0.36μm；宽18.30～27.70μm，平均24.65±0.61μm。萌发孔长2.75～3.97μm，平均3.18±0.10μm；宽1.48～2.98μm，平均2.30±0.22μm。孔盖长1.02～2.17μm，平均1.48±0.12μm；宽0.61～1.89μm，平均1.38±0.27μm。外壁表面具细颗粒状纹饰，均匀排列。

1
2 | 3 | 4

1. 花序
2. 近极面观
3. 远极面观
4. 赤道面观

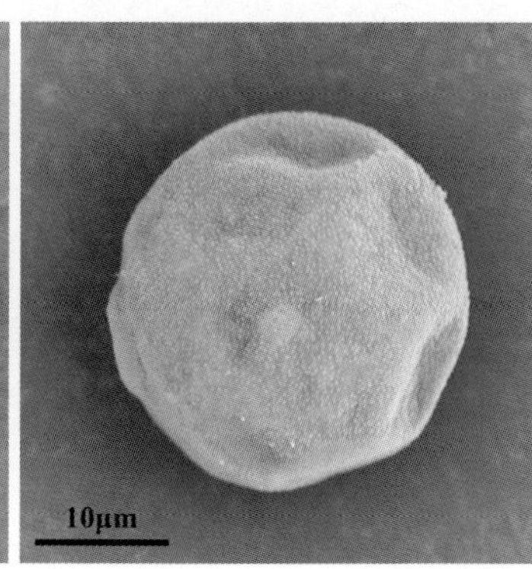

锦葵科

蜀葵

锦葵科蜀葵属多年生草本，原产我国，北京公园绿地作观赏植物栽植。花两性，单瓣或重瓣，总状花序，有红、白、黄、紫等各色。虫媒花，花期5～8月。

花粉粒球形，萌发孔不明显。直径120.00～151.00μm，平均138.05 ± 1.71μm。外壁表面具刺状纹饰，刺长9.63～13.50μm，平均11.51 ± 0.24μm；刺易脱落形成穿孔。

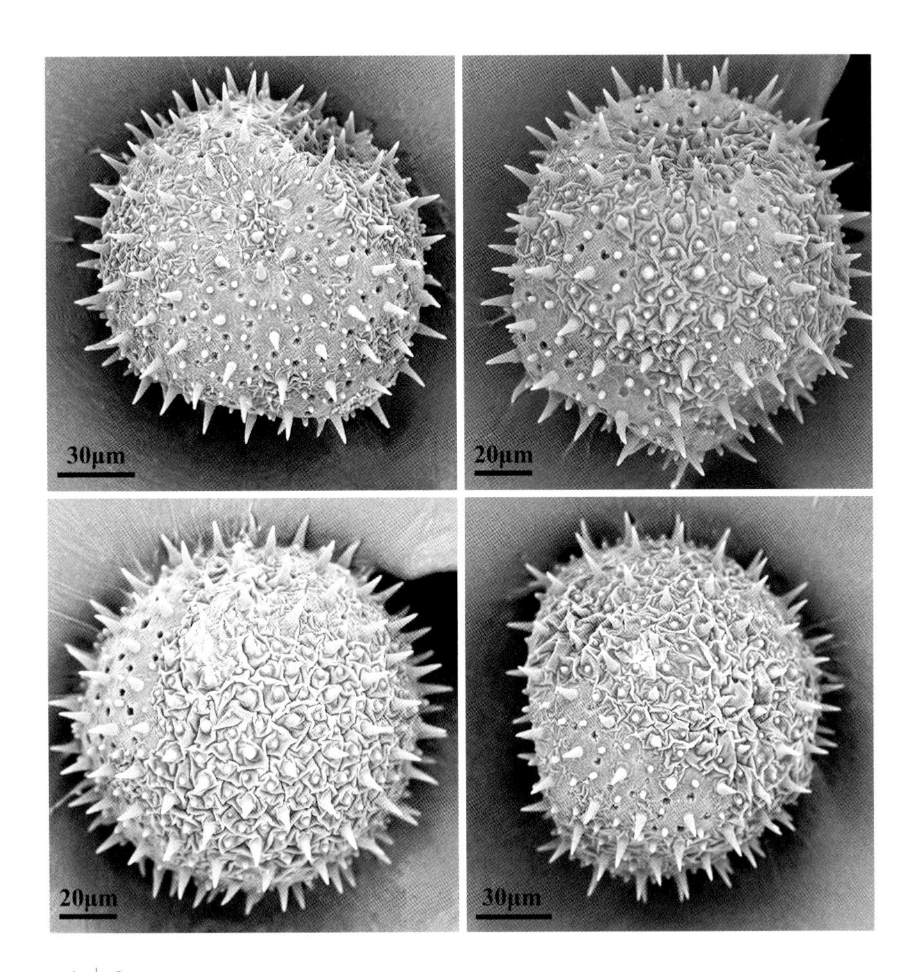

1 | 2
3 | 4

1、2、3、4. 整体观

菊科

抱茎苦荬菜

菊科苦荬菜属多年生草本，茎生叶无柄，基部耳状抱茎，分布于我国华北、东北等地区，生于平原、荒地、山坡和路边。花两性，头状花序，小型，密集成伞房状，舌状花黄色。虫媒花，花期4～7月。

花粉粒近球形，直径24.10～29.80μm，平均27.27±0.58μm。具3孔沟，沟不开裂。外壁表面具网状纹饰，网眼五边形或近圆形，网脊具小穴状纹饰和刺状结构，刺1行，排列规则，刺长1.04～1.70μm，平均1.51±0.05μm。

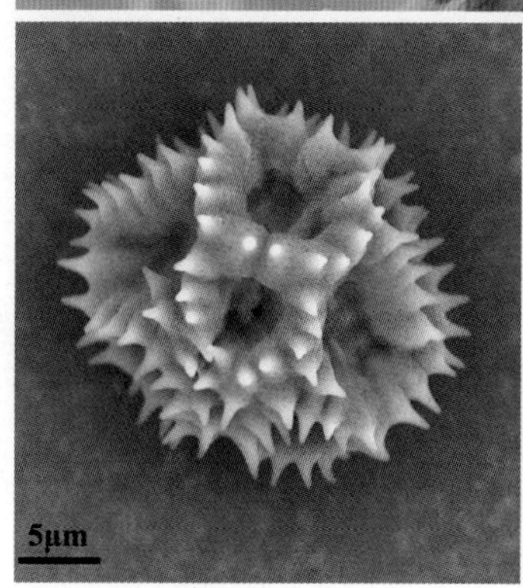

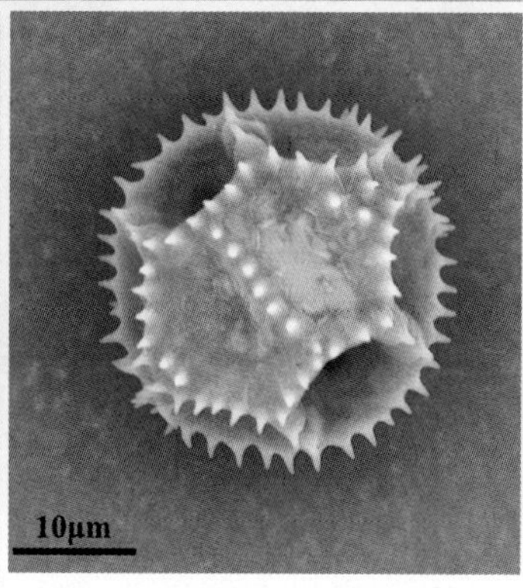

1		
2	3	4

1. 花
2. 极面观
3、4. 赤道面观

日光菊

菊科赛菊芋属多年生草本，别名赛菊芋，原产于北美，北京有栽植。花两性，头状花序，集生成伞房状。虫媒花，花期5月。

花粉粒长椭球形，具3萌发沟。极面观3裂圆形，赤道面观长椭圆形，长25.30～38.90μm，平均35.67 ± 1.24μm；宽26.90～29.30μm，平均28.3 ± 0.22μm。萌发沟窄。外壁表面具刺状纹饰和小穴状纹饰，刺长2.32～3.19μm，平均2.87 ± 0.07μm。

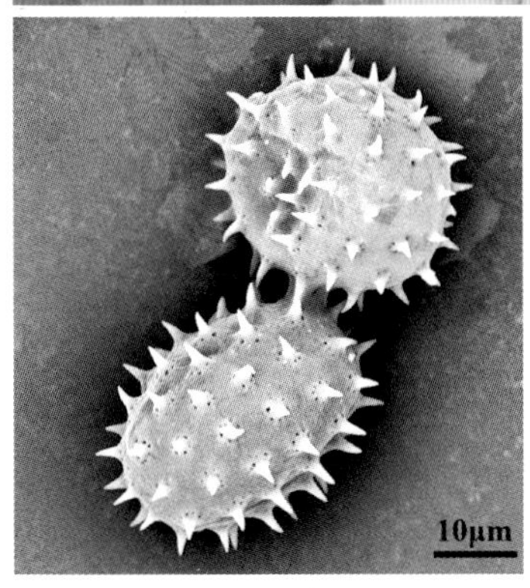

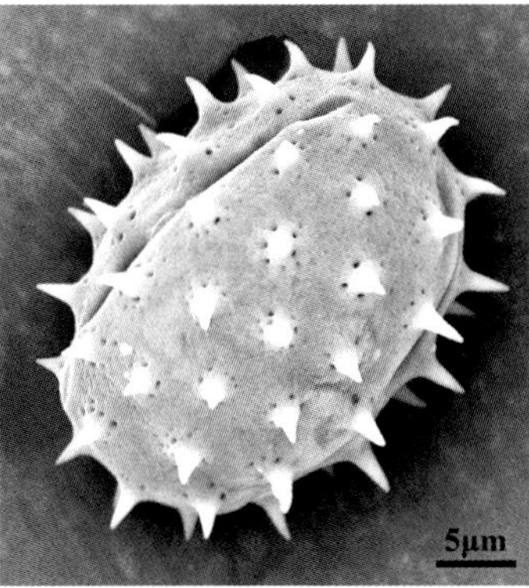

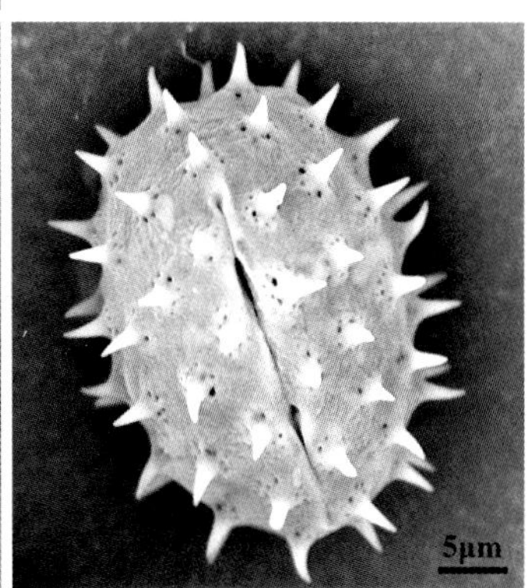

1
2 | 3 | 4

1. 花
2. 极面观
3. 赤道面观
4. 萌发沟

苦木科

臭椿

苦木科臭椿属落叶乔木，分布于我国辽宁和内蒙古南部至华南、西南地区，北京有野生或栽植。奇数羽状复叶，互生。花杂性或雌雄异株；圆锥花序，顶生。风媒花，花期5月。

花粉粒长椭球形，具3萌发沟。极面观3裂圆形，赤道面观长椭圆形，长35.30～40.00μm，平均37.22±0.43μm；宽17.40～19.80μm，平均18.67±0.23μm。萌发沟窄，长29.40～34.80μm，平均31.43±0.46μm。外壁表面具条网状纹饰，网脊宽0.39～0.68μm，平均0.53±0.03μm；上层纵向排列，下层横向排列，交错形成条网状，网脊间具穿孔。

	1	
2	3	4

1. 花序
2. 极面观
3. 赤道面观
4. 萌发沟

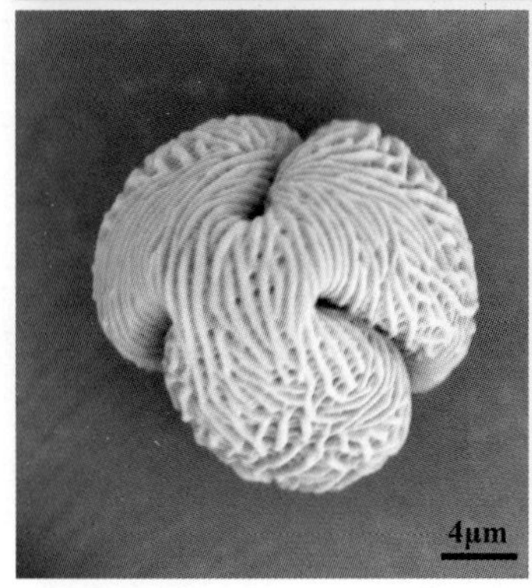

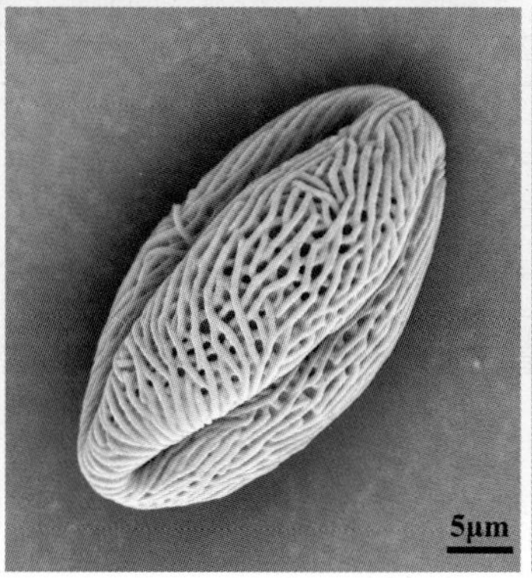

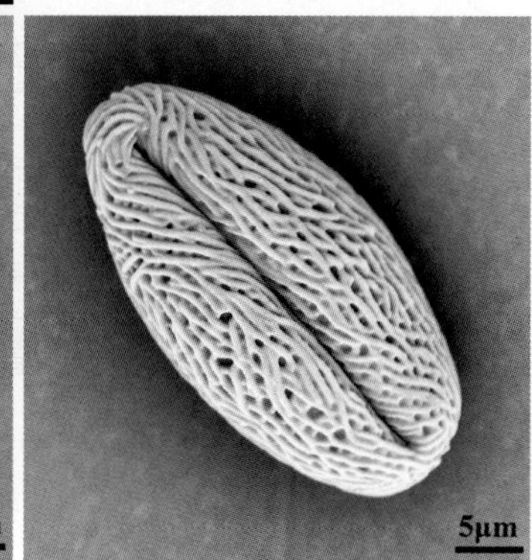

藜科

灰藜

藜科藜属1年生草本，分布于我国各地，生于路旁、荒地及田间。花两性，在枝顶形成圆锥花序。风媒花，花期5月，果期9～10月。

花粉粒近扁球形，直径28.20～31.30μm，平均29.87±0.33μm；具散孔，整齐排列于花粉粒外壁表面，极面观可见42～58个；孔圆形，直径1.47～2.58μm，平均1.90±0.09μm；孔膜具颗粒。外壁表面具短刺状纹饰，4个萌发孔间的短刺数量10～20个。

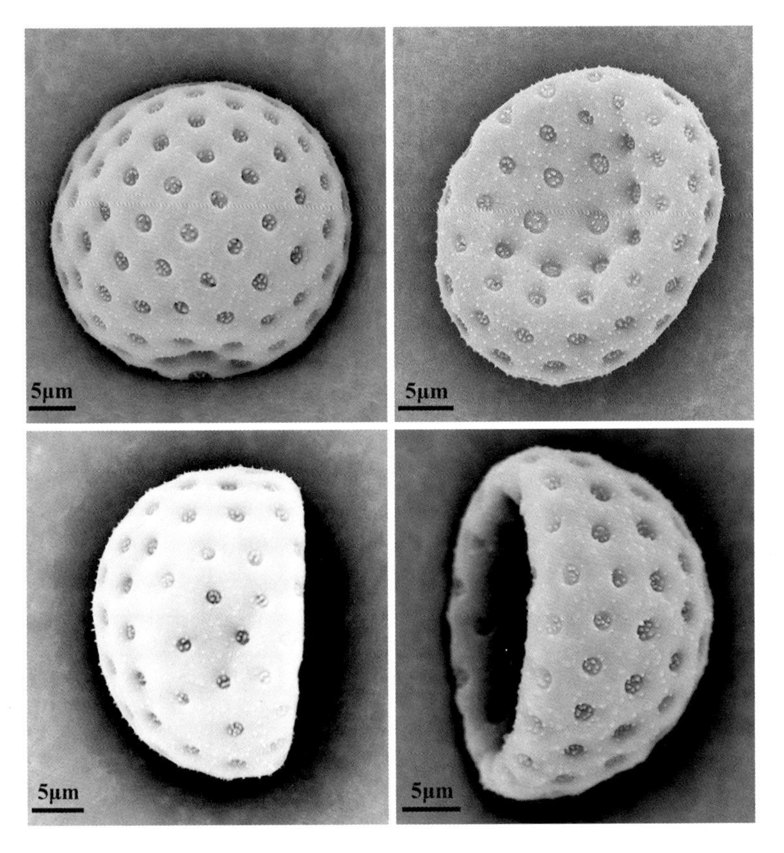

1	2
3	4

1、2.极面观

3、4.赤道面观

菊叶香藜

藜科藜属1年生草本，分布于我国华北、东北、西北和西南地区，生于河滩、湖边、荒地、路边和山坡草甸。花两性，复二歧聚伞花序，腋生。风媒花，花期5月，果期9～10月。

花粉粒近扁球形，直径22.10～28.90μm，平均24.95±0.54μm；具散孔，整齐排列于花粉粒外壁表面，极面观可见27～31个；孔圆形，直径1.61～1.88μm，平均1.75±0.03μm；孔膜具颗粒。外壁表面具短刺状纹饰，4个萌发孔间的短刺数量15～25个。

1

2 | 3 | 4

1. 花
2、3. 极面观
4. 赤道面观

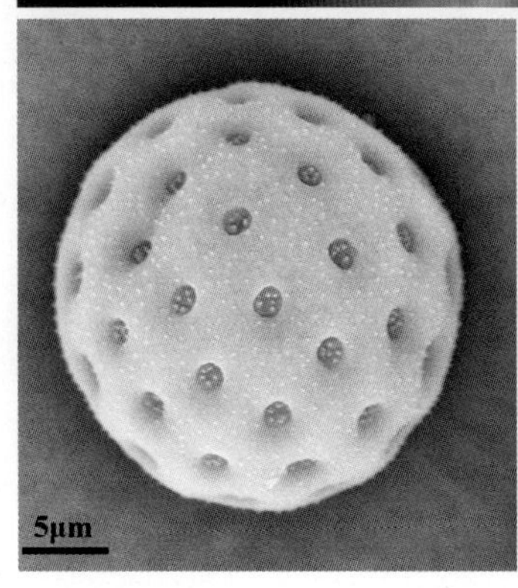

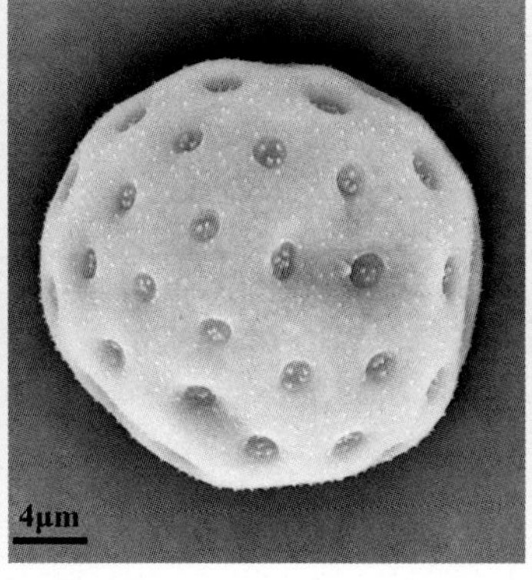

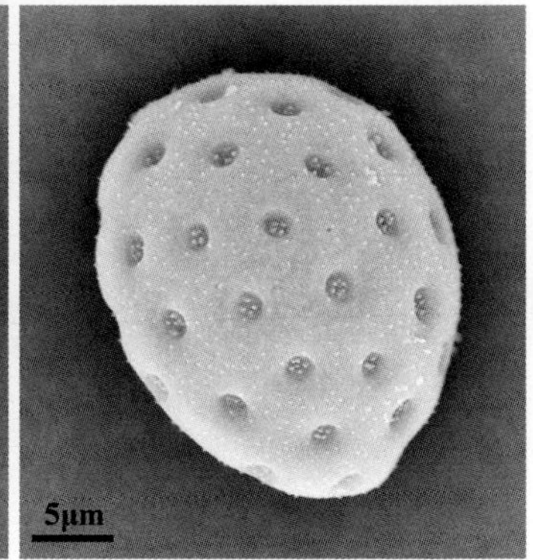

蓼科

皱叶酸模

蓼科酸模属多年生草本，分布于我国东北、华北、西北和西南地区。花两性，多个腋生总状花序组成圆锥花序，顶生，花密集。风媒花，花期5月，果期7～9月。

花粉粒长椭球形，具3萌发沟。极面观3裂圆形。赤道面观长椭圆形，长31.20～36.40μm，平均34.26±0.40μm；宽20.30～29.00μm，平均23.82±0.68μm。萌发沟窄，长27.70～30.80μm，平均29.5±0.58μm。外壁表面具负网状纹饰，网眼内具细颗粒，网眼直径0.38～0.76μm，平均0.60±0.04μm。

1
2 | 3 | 4

1. 花
2. 极面观
3、4. 赤道面观

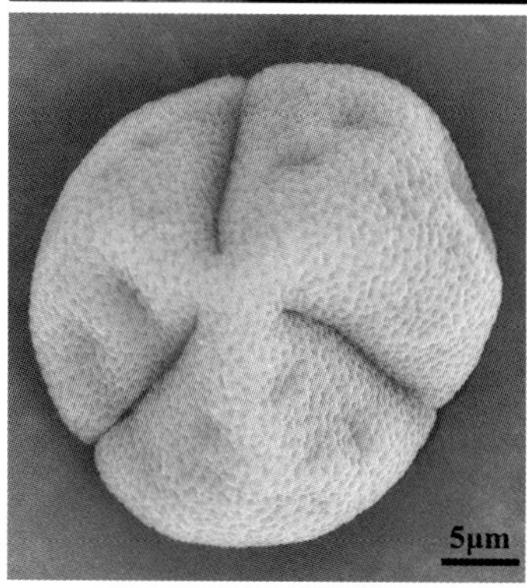

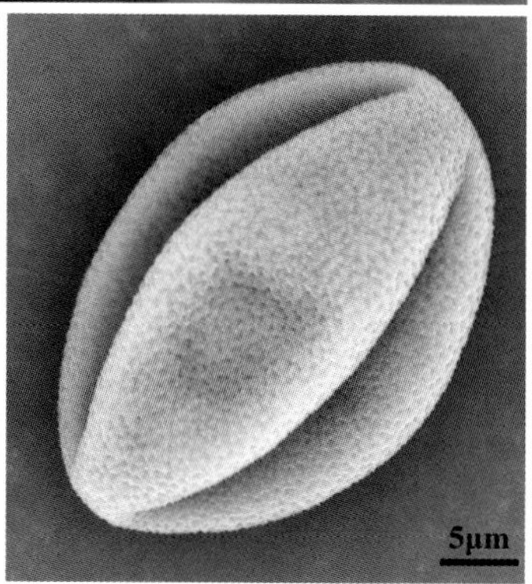

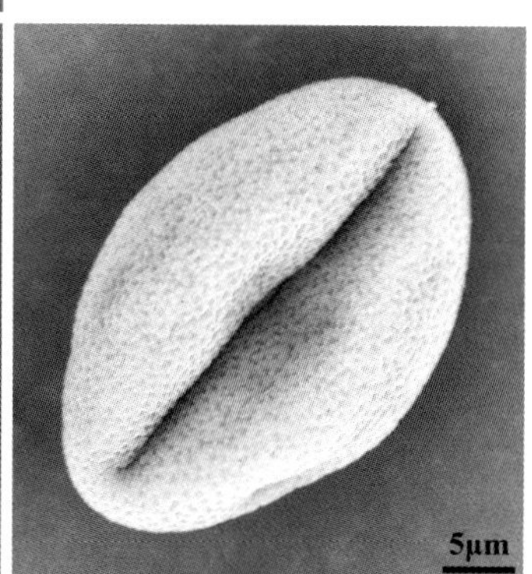

柳叶菜科

美丽月见草

柳叶菜科月见草属2年生草本，原产于英国，北京有栽植。基生叶莲座状，倒披针形；茎生叶螺旋状互生，狭椭圆形至披针形。花两性，花瓣4枚，粉红色，先端钝圆或微凹。穗状花序疏散，顶生。虫媒花，花期5月。

花粉粒三角形，具3萌发孔。极面观三角形，边长106.00～131.00μm，平均117.75 ± 3.08μm；高69.20～101.00μm，平均86.08 ± 5.53μm。萌发孔近圆形，直径5.38～12.70μm，平均8.35 ± 0.90μm。外壁表面中央具皱纹状纹饰，萌发孔周围具细颗粒状纹饰。

1
2 | 3 | 4

1. 花
2. 极面观
3、4. 赤道面观

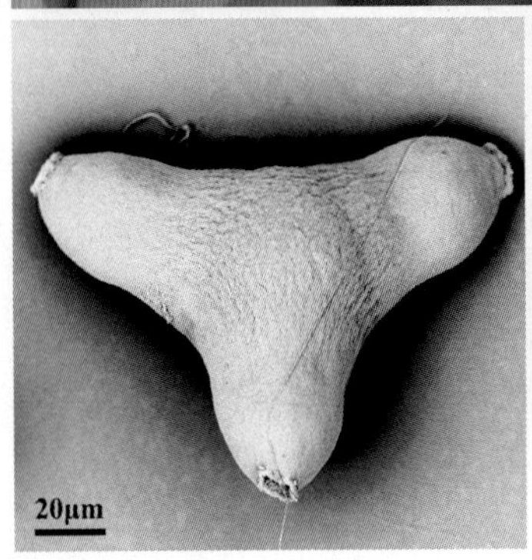

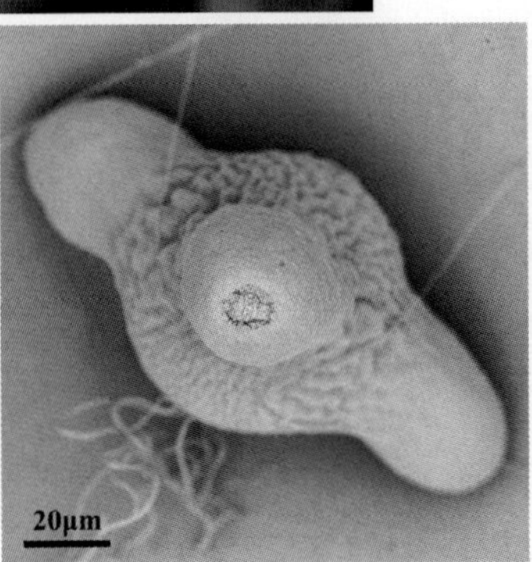

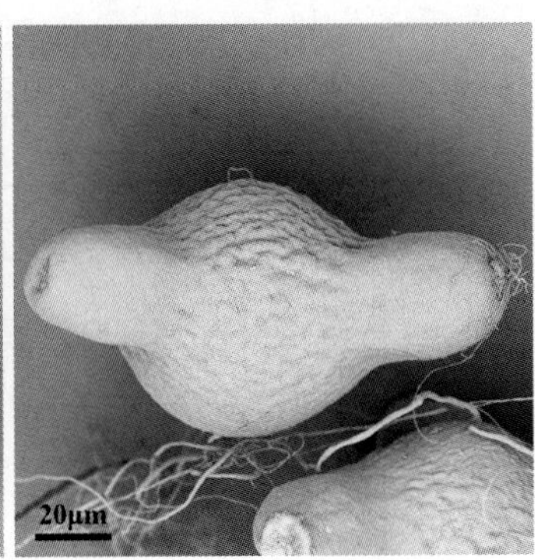

山桃草

柳叶菜科山桃草属多年生草本，原产于北美，北京有栽植。叶无柄，披针形。花两性，花瓣4枚，白色或粉红色，匙形。穗状花序，顶生。虫媒花，花期5月。

花粉粒三角形，具3萌发孔。极面观三角形，边长132.00～159.00μm，平均140.86±2.11μm；高116.00～136.00μm，平均129.36±1.51μm。萌发孔近圆形，直径17.50～25.60μm，平均22.13±0.78μm。外壁表面具细颗粒状纹饰。

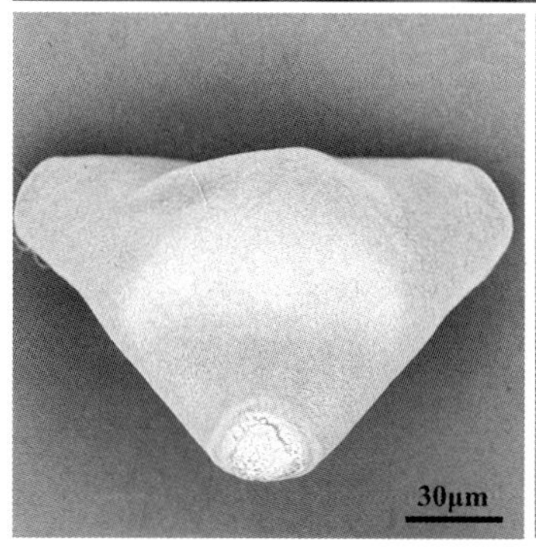

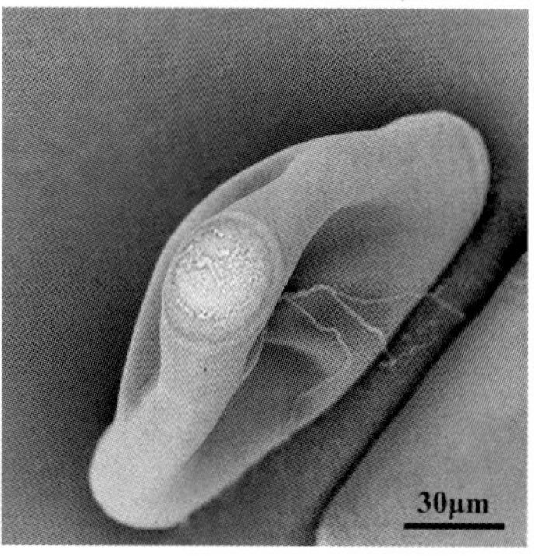

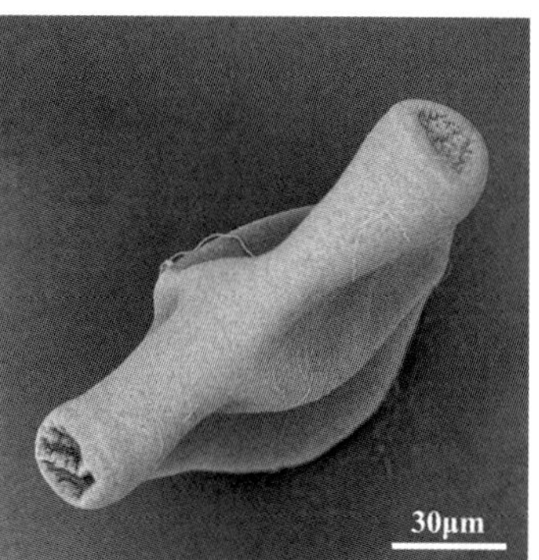

1.花
2.极面观
3、4.赤道面观

暴马丁香

木犀科丁香属落叶小乔木，分布于我国东北、华北和西北地区，北京有栽植。花两性，圆锥花序，侧生，花白色。虫媒花，花期5月，果期8～9月。

花粉粒长椭球形，具3萌发沟。极面观3裂圆形。赤道面观长椭圆形，长40.30～44.90μm，平均41.96 ± 0.27μm；宽24.20～28.60μm，平均25.95 ± 0.25μm。萌发沟窄，长32.90～40.30μm，平均36.23 ± 0.86μm。外壁表面具粗网状纹饰，网眼内光滑，网眼大，直径1.70～4.22μm，平均2.74 ± 0.15μm；网脊宽0.88～1.44μm，平均1.09 ± 0.04μm。

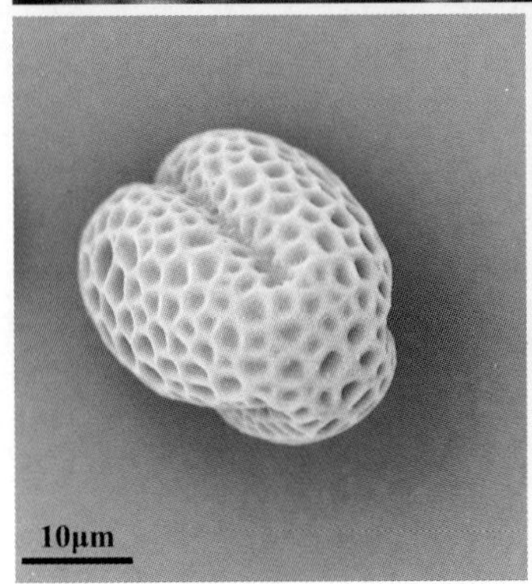

1
2 | 3 | 4

1. 花序
2. 极面观
3. 赤道面观
4. 萌发沟

七叶树科

七叶树

七叶树科七叶树属落叶乔木，又称娑罗树，原产于我国华北，北京有栽植。掌状复叶，有长柄，小叶5～7，长椭圆形。花两性，圆锥花序，顶生，花瓣4枚，白色，雄蕊花丝长。虫媒花，花期5～6月。

花粉粒长椭球形，具3孔沟。极面观3裂圆形。赤道面观长椭圆形，长17.00～23.20μm，平均20.08±0.52μm；宽15.60～19.90μm，平均18.19±0.45μm。萌发沟长10.80～18.90μm，平均16.62±0.91μm；宽4.72～11.90μm，平均7.40±0.47μm。沟膜具密集刺状突起；孔圆形，孔膜具刺状突起。外壁表面具条纹状纹饰，条脊间具小穿孔，条脊宽0.19～0.32μm，平均0.23±0.01μm。

1		
2	3	4

1. 花序
2. 极面观
3. 赤道面观
4. 萌发沟(孔)

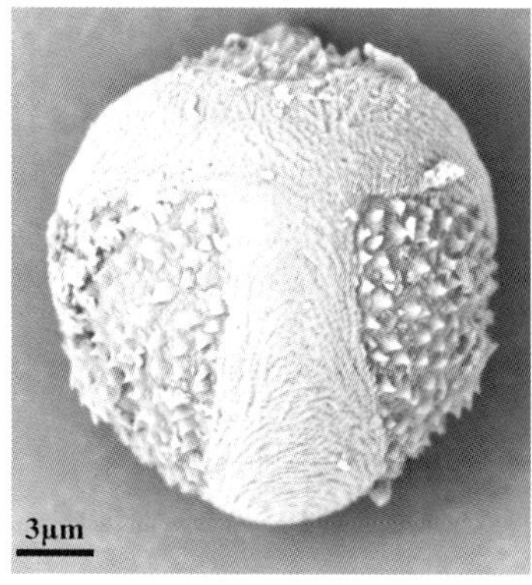

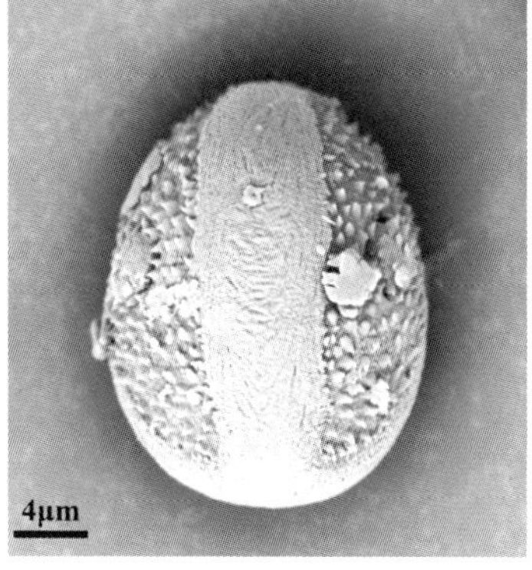

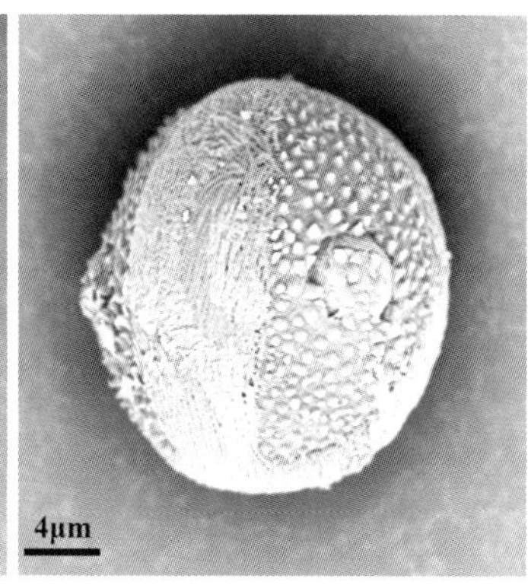

蔷薇科

月季

蔷薇科蔷薇属落叶灌木，原产于我国，北京广泛栽植，1987年被定为北京的市花。羽状复叶，小叶3～5枚，宽卵形，先端渐尖。花两性，单生或数朵聚成伞房花序，花重瓣，花瓣倒卵形，各色。虫媒花，花期5～10月。

花粉粒长椭球形，具3萌发沟。极面观3裂圆形。赤道面观长椭圆形，长49.10～55.30μm，平均52.91±0.89μm；宽19.40～27.20μm，平均24.96±1.02μm。萌发沟长43.20～51.00μm，平均47.19±1.02μm。外壁表面具条纹状纹饰，条脊间具小穿孔，脊宽0.24～0.29μm，平均0.26±0.01μm。

1
2 | 3 | 4

1. 花
2. 极面观
3. 赤道面观
4. 萌发沟

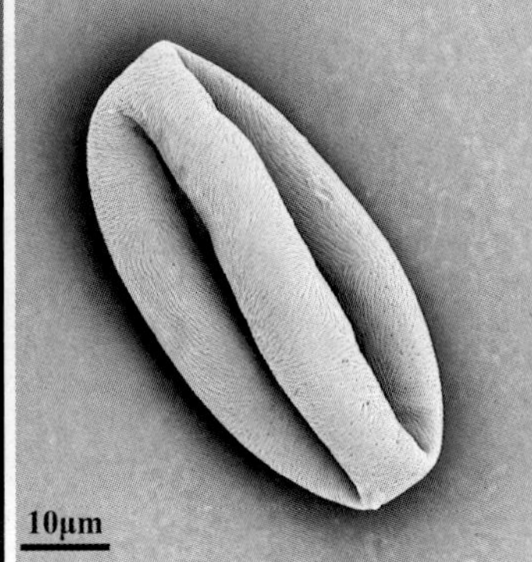

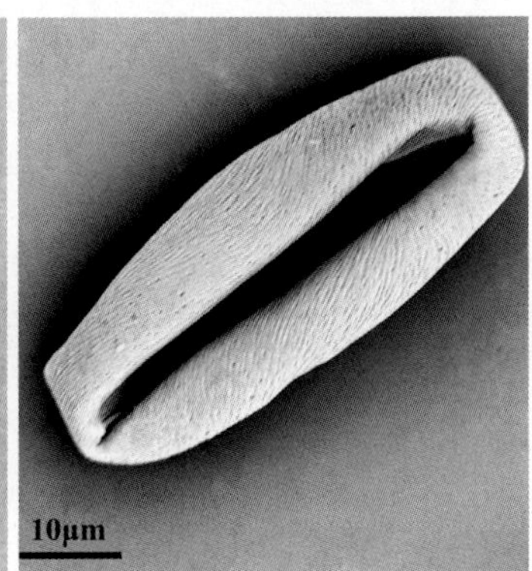

茄科

矮牵牛

茄科碧冬茄属1年生草本，又称碧冬茄，原产于阿根廷，北京有栽植。单叶，互生或上部对生，卵形，先端急尖。花两性，单生于叶腋，花冠漏斗状，顶端5钝裂，紫红色或白色。虫媒花，花期5月。

花粉粒长椭球形，具3萌发沟。极面观3裂圆形。赤道面观长椭圆形，长43.90～51.80μm，平均48.33±0.97μm；宽19.80～26.40μm，平均23.21±0.53μm。萌发沟窄，至两极。外壁表面具条网状纹饰，条脊交错排列，脊间具小穿孔，脊宽0.40～0.55μm，平均0.49±0.02μm。

1
2 | 3 | 4

1. 花
2. 极面观
3. 赤道面观
4. 萌发沟

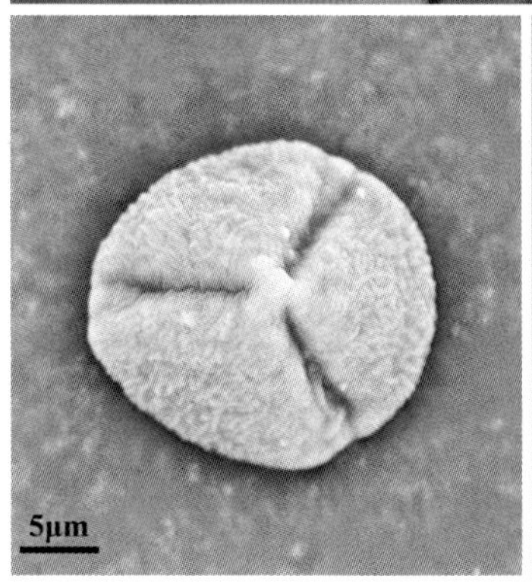

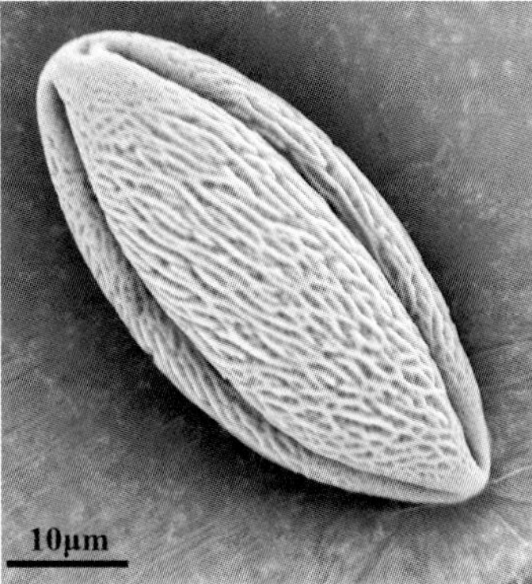

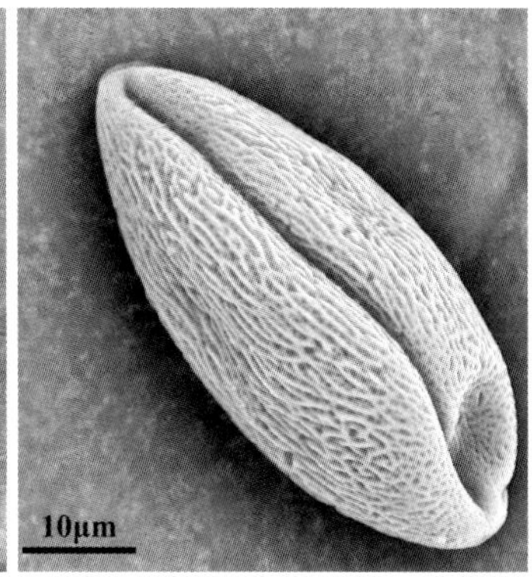

十字花科

播娘蒿

十字花科播娘蒿属1年生草本，分布于我国东北、华北、西北和华东地区，多生于路边和荒地。花两性，伞房花序，花小，黄色。风媒花，花期5月。

花粉粒长椭球形，具3萌发沟。极面观3裂圆形。赤道面观长椭圆形，长24.90～29.90μm，平均28.28±0.57μm；宽12.00～14.30μm，平均13.11±0.24μm。萌发沟窄，长23.50～25.90μm，平均24.88±0.43μm。外壁表面具细网状纹饰，网眼内光滑，网眼小，直径0.43～0.85μm，平均0.66±0.04μm；网脊宽0.38～1.41μm，平均0.61±0.08μm。

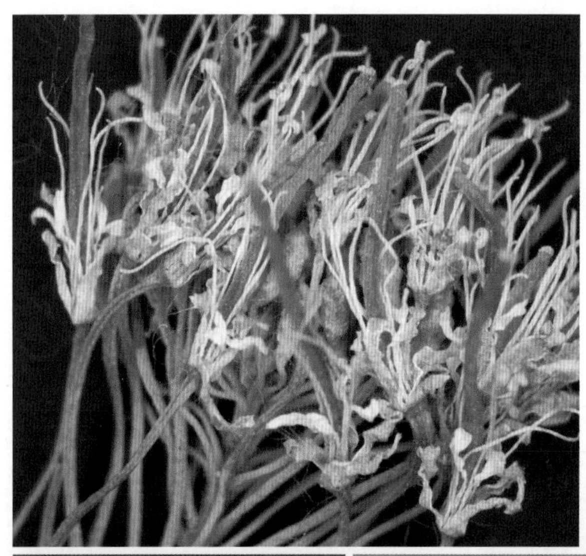

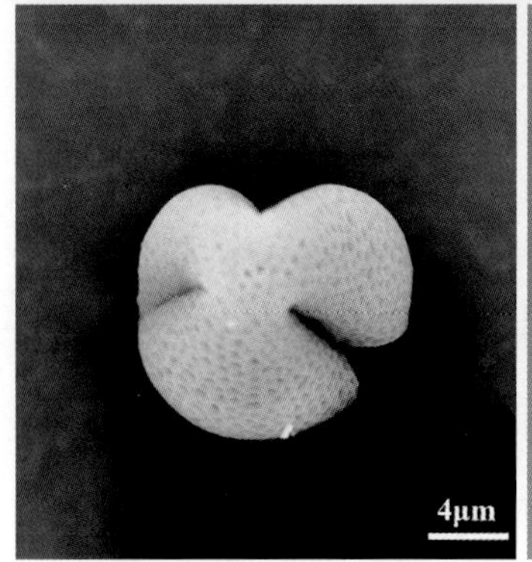

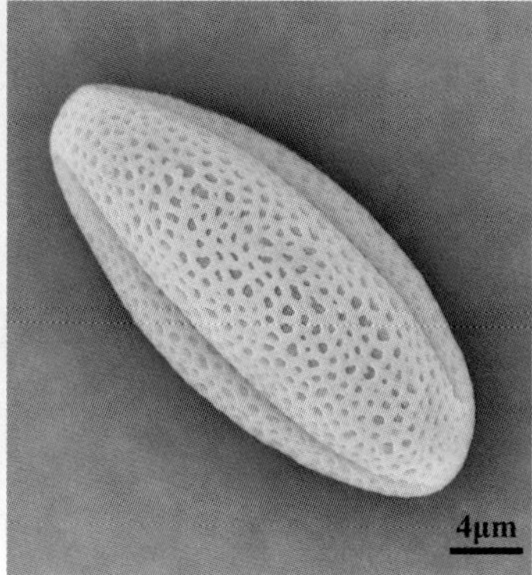

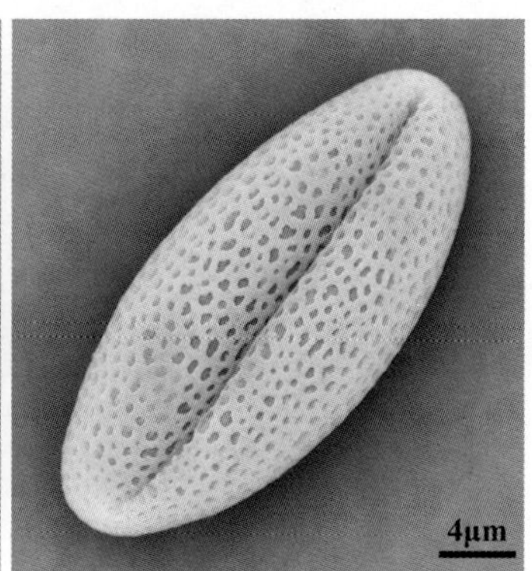

1
2 | 3 | 4

1. 花序
2. 极面观
3. 赤道面观
4. 萌发沟

松科

白皮松

松科松属常绿乔木，树皮灰绿色，鳞片状脱落后呈白色花斑，是我国特有树种，产于陕西秦岭、甘肃南部等地，北京各公园广泛栽植，古树众多。叶3针1束，长5～10cm。花单性，雌雄同株，雄球花聚生于新枝基部，雌球花单生或数枚聚生于新枝近顶端。风媒花，花期5月上旬，球果次年10月成熟。

花粉粒具2个气囊和1远极沟。近极面观体近圆形，气囊可见；远极面观气囊长半圆形，两气囊紧靠，沟细长。短赤道面观蘑菇形；长赤道面观帽形，体与气囊间凹角明显。花粉粒长54.70～61.20μm，平均57.00 ± 0.78μm；宽34.70～37.90μm，平均35.83 ± 1.04μm；体宽32.70～44.40μm，平均39.09 ± 1.23μm；气囊宽19.80～33.10μm，平均25.26 ± 0.91μm。体外壁表面具芽孢颗粒状纹饰；气囊表面具负网状－小穴状纹饰。

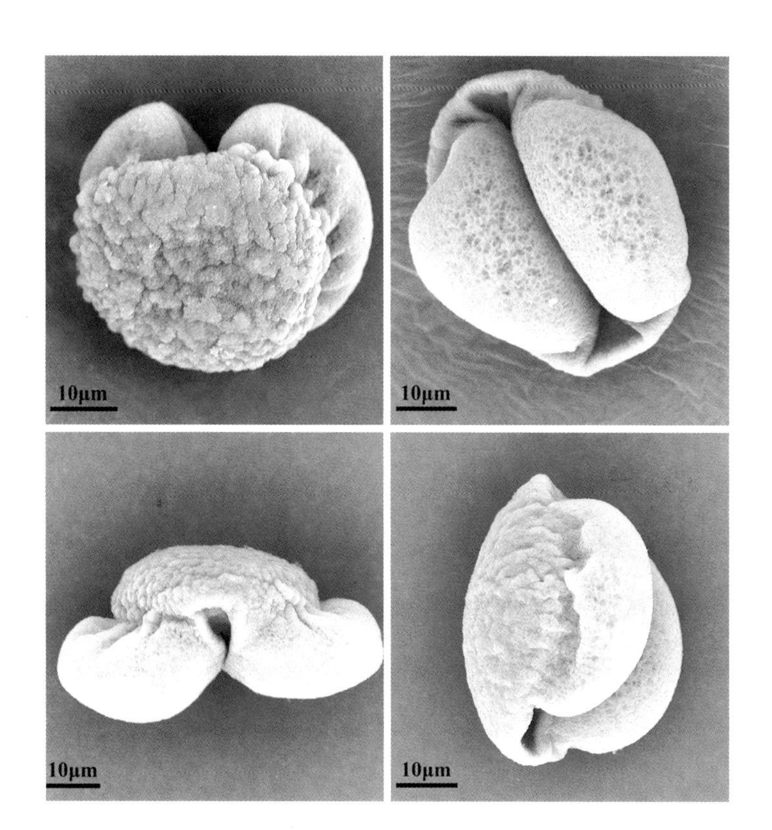

1 | 2
3 | 4

1. 近极面观
2. 远极面观
3. 长赤道面观
4. 短赤道面观

华山松

松科松属常绿乔木，原产于我国，因集中产于陕西的华山而得名，北京各公园广泛栽植。针叶5针1束，长8～15cm。花单性，雌雄同株，雄球花聚生于新枝基部，雌球花单生或数枚聚生于新枝近顶端。风媒花，花期5月上旬，球果次年9～10月成熟。

花粉粒具2个气囊和1远极沟。近极面观体椭圆形，气囊可见；远极面观气囊长半圆形，两气囊间的沟较宽。短赤道面观蘑菇形，长赤道面观帽形，体与气囊间凹角明显。花粉粒长58.70～68.20μm，平均62.86 ± 1.37μm；宽32.30～42.60μm，平均37.90 ± 2.42μm；体宽34.10～47.00μm，平均40.26 ± 1.83μm；气囊宽21.00～39.80μm，平均30.33 ± 1.31μm。体外壁表面具芽孢颗粒状纹饰；气囊表面具负网状－小穴状纹饰。

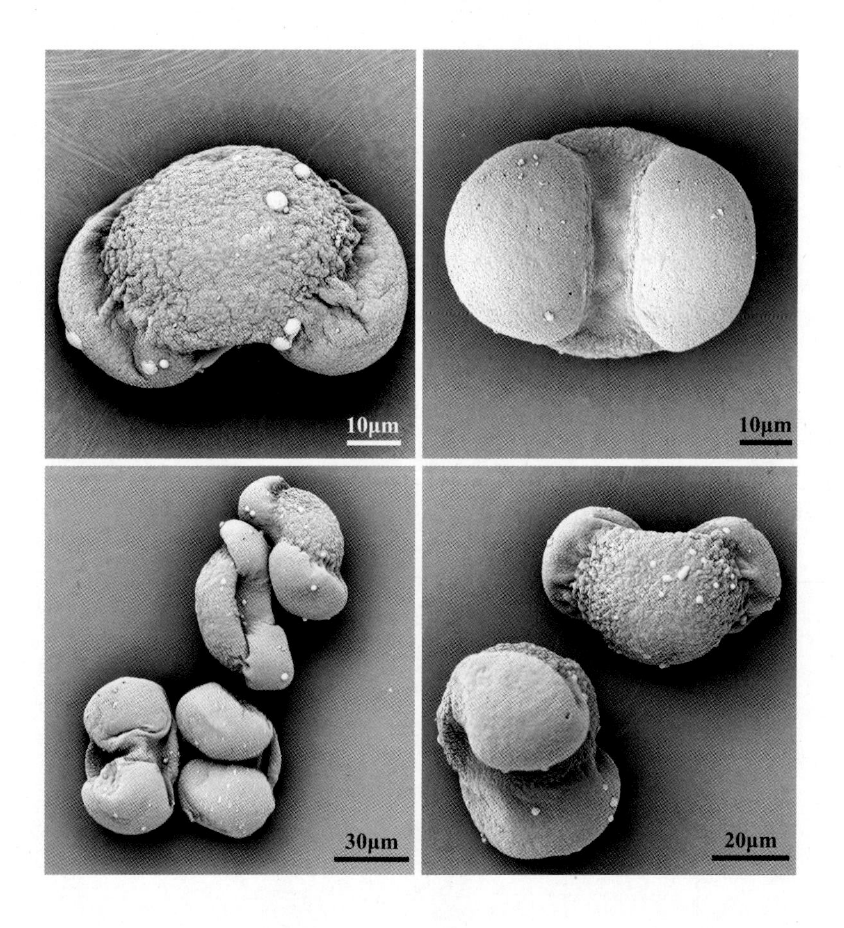

1	2
3	4

1. 近极面观　2. 远极面观
3. 长赤道面观　4. 短赤道面观

苋科

反枝苋

苋科苋属1年生草本，原产于美洲，北京极为常见，多生于农田旁和草地上。花两性，圆锥花序顶生或腋生。风媒花，花期5月。

花粉粒近球形，直径25.30～32.80μm，平均29.76±0.88μm；具散孔，整齐排列于花粉粒外壁表面，极面观可见18～26孔；孔圆形，直径2.10～3.12μm，平均2.65±0.12μm，孔膜具颗粒。外壁表面具短刺状纹饰，4个萌发孔间的短刺数量70～120个。

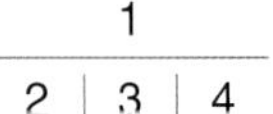

1. 花序
2. 极面观
3、4. 赤道面观

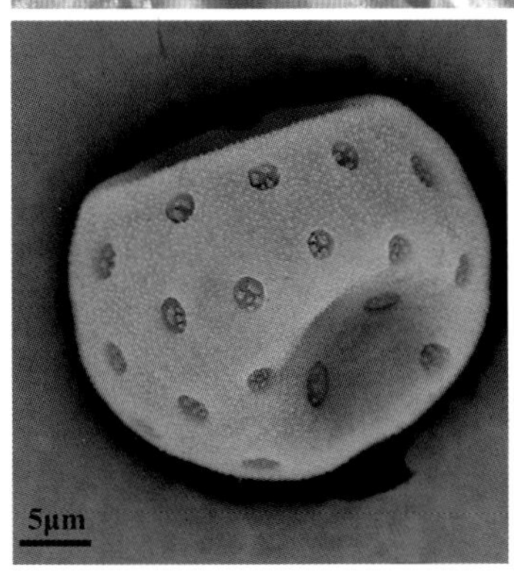

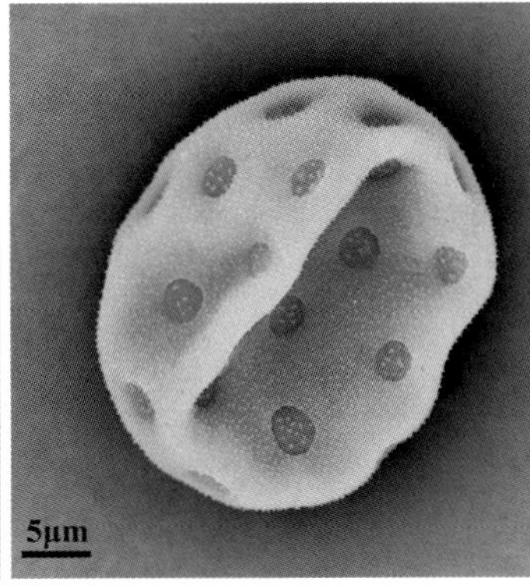

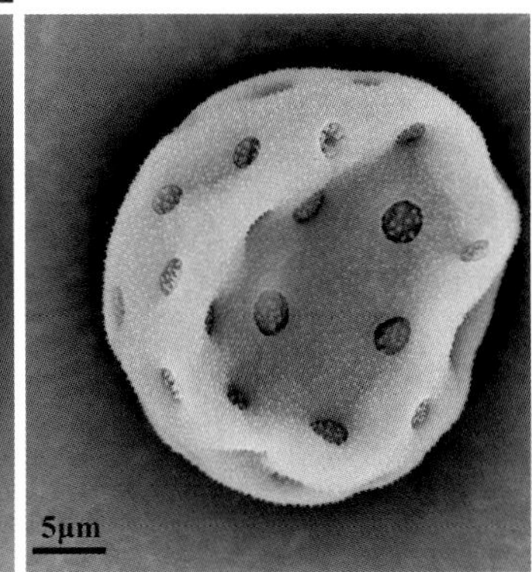

大花毛地黄

玄参科毛地黄属多年生草本，原产于欧洲，北京公园有栽植。基生叶莲座状，叶片长椭圆形，长5～15cm。花两性，花冠筒部钟形，裂片2唇形，淡紫红色，内面具斑点。总状花序，顶生。虫媒花，花期5～6月。

花粉粒长椭球形，具3萌发沟。极面观3裂圆形。赤道面观长椭圆形，长35.00～39.50μm，平均37.90±0.53μm；宽17.00～19.80μm，平均18.41±0.34μm。萌发沟长30.60～36.10μm，平均33.33±0.68μm。外壁表面具网状纹饰，部分网眼中空，网眼直径0.29～1.14μm，平均0.57±0.05μm；网脊宽0.20～0.45μm，平均0.34±0.02μm。

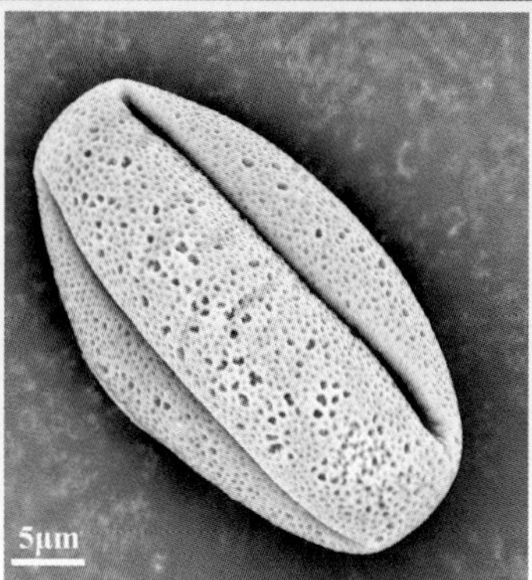

1
2 | 3 | 4

1. 花序
2. 极面观
3. 赤道面观
4. 萌发沟

金鱼草

玄参科金鱼草属多年生草本，又称龙头花，原产于地中海沿岸地区，北京公园有栽植。下部叶对生，上部叶互生，叶片长圆状披针形，长约3～7cm。花两性，花冠2唇形，基部膨大成囊状，粉红色、紫红色、黄色或白色。总状花序，顶生。虫媒花，花期5～6月。

花粉粒长椭球形，具3萌发沟。极面观3裂圆形。赤道面观长椭圆形，长25.30～27.80μm，平均26.27 ± 0.32μm；宽11.90～14.50μm，平均13.33 ± 0.30μm。萌发沟长19.90～23.40μm，平均21.29 ± 0.24μm。外壁表面具网状纹饰，部分网眼中空，网眼直径0.67～0.94μm，平均0.77 ± 0.03μm；网脊宽0.35～0.61μm，平均0.45 ± 0.02μm。

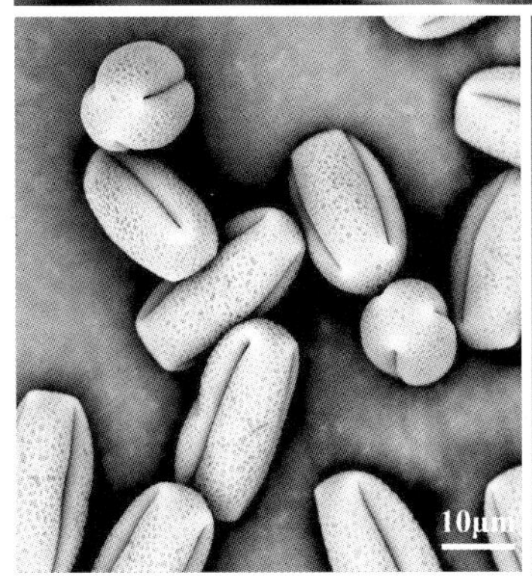

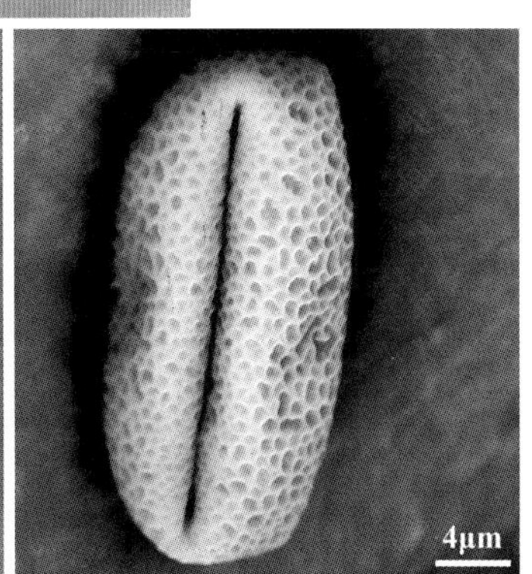

1
2 | 3 | 4

1. 花序
2. 极面观
3. 赤道面观
4. 萌发沟

穗花婆婆纳

玄参科婆婆纳属多年生草本，原产于北欧及中亚，北京公园有栽植。叶对生，叶柄长约2.5cm；叶片呈长椭圆形至披针形，长2～8cm，边缘具圆齿或锯齿。花两性，花冠蓝紫色，长0.6～0.7cm。总状花序，顶生，长穗状。虫媒花，花期5～6月。

花粉粒长椭球形，具3萌发沟。极面观3裂圆形。赤道面观长椭圆形，长31.40～35.50μm，平均33.45 ± 0.56μm；宽12.50～16.80μm，平均15.00 ± 0.51μm。萌发沟长25.40～33.10μm，平均30.01 ± 0.33μm。外壁表面具网状纹饰，部分网眼中空，网眼直径0.21～0.40μm，平均0.31 ± 0.03μm；网脊宽0.17～0.46μm，平均0.28 ± 0.04μm。

1			1. 花序	2. 极面观
2	3	4	3. 赤道面观	4. 萌发沟

鸭跖草科

紫露草

鸭跖草科紫露草属多年生草本，原产于北美洲，北京各公园和绿地常见栽植。叶线形，长约15～30cm。花两性，花瓣3枚，蓝紫色。伞形花序，生于枝顶，虫媒花，花期5～6月，果期5～7月。

花粉粒长椭球形，具远极单沟，异极，两侧对称。极面观长椭圆形。长赤道面观舟形，短赤道面观心形。长赤道轴长50.10～63.30μm，平均58.39 ± 1.09μm；短赤道轴长14.20～20.50μm，平均17.58 ± 0.74μm。萌发沟与长赤道轴等长。外壁表面具负网状纹饰，脊上具小穿孔。

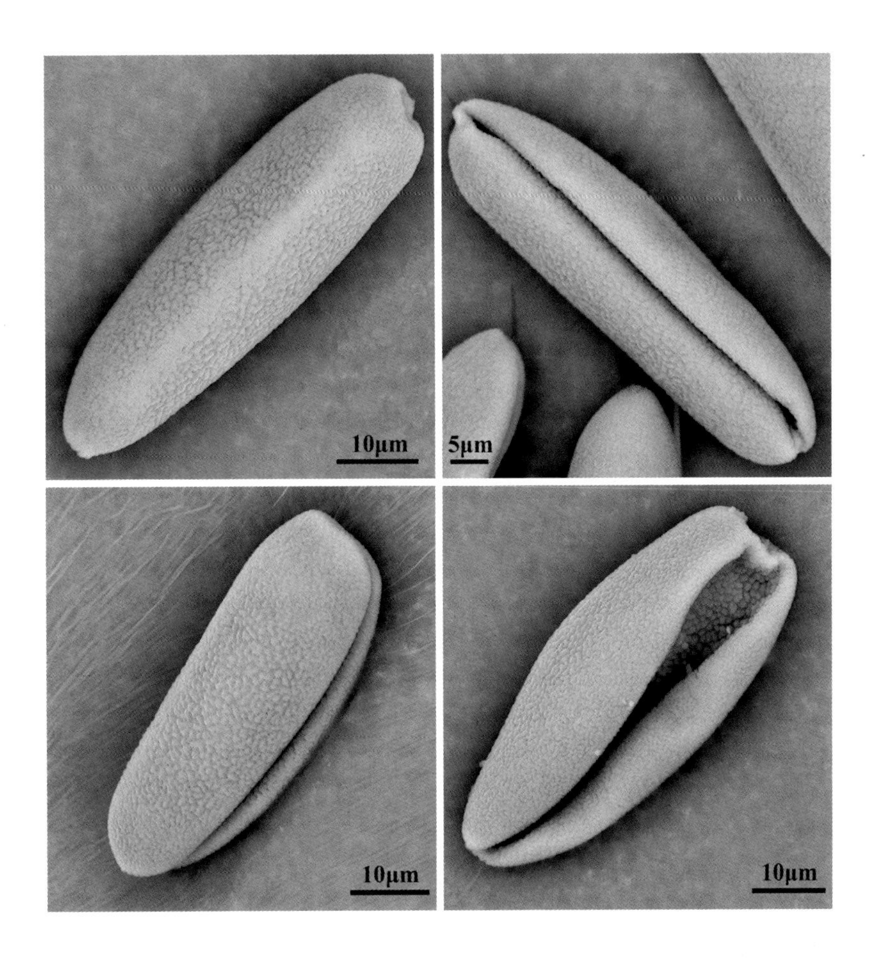

1 | 2
3 | 4

1. 近极面观
2. 远极面观
3. 长赤道面观
4. 萌发沟

罂粟科

花菱草

罂粟科花菱菜属多年生草本，又称金英花，原产于北美洲，北京公园有栽植。单叶互生，具长柄，多回羽状细裂。花两性，单生茎顶，花瓣4枚，扇形，暗黄色至橘黄色。虫媒花，花期5～7月。

花粉粒长椭球形，具5萌发沟。极面观5裂圆形。赤道面观长椭圆形，长23.10～36.90μm，平均32.04±1.58μm；宽23.10～30.10μm，平均26.59±0.49μm。萌发沟长24.60～29.30μm，平均26.56±0.43μm。外壁表面具浅网状纹饰，网脊具短刺。

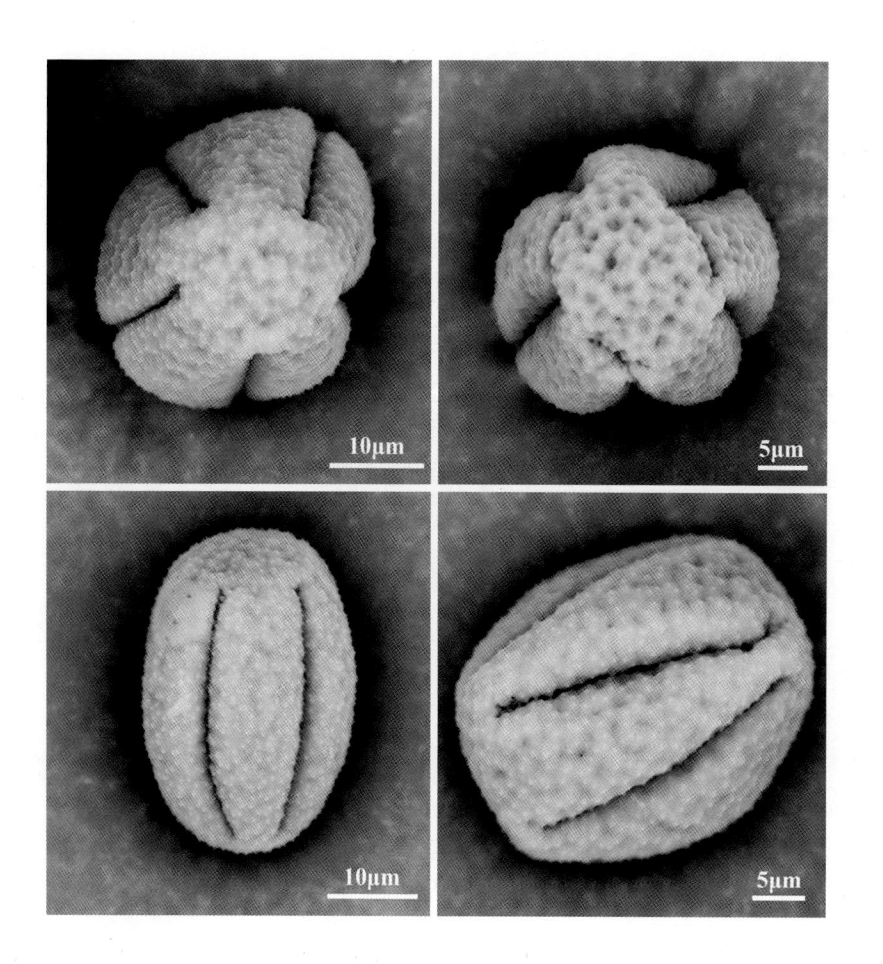

1 | 2
3 | 4

1、2. 极面观

3、4. 赤道面观

04

6月
开花植物

白花菜科

醉蝶花

白花菜科白花菜属1年生直立草本，又称西洋白花菜，原产于南美洲，北京公园有栽植。掌状复叶互生，小叶5～7枚，长圆状披针形，长4～10cm。花两性，花瓣4枚，粉红色。总状花序，顶生。虫媒花，花期6～7月。

花粉粒长椭球形，具3萌发沟。极面观3裂圆形。赤道面观长椭圆形，长21.70～28.00μm，平均25.27 ± 0.51μm；宽12.10～17.10μm，平均14.40 ± 0.40μm。外壁表面具短刺状纹饰，刺长0.53～0.86μm，平均0.61 ± 0.02μm。

1
2 | 3 | 4

1. 花序
2. 极面观
3、4. 赤道面观

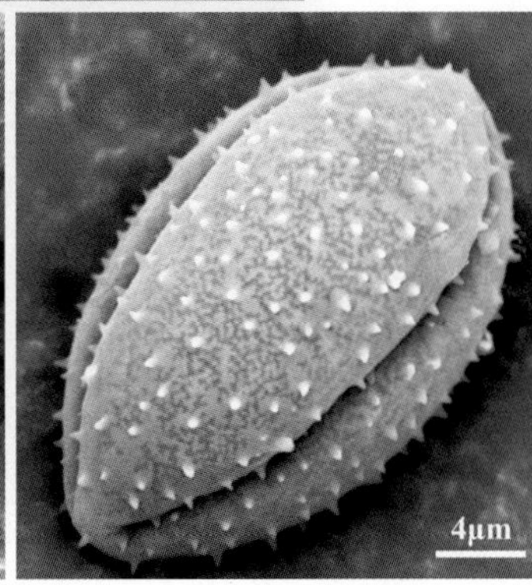

椴树科

蒙椴

椴树科椴树属落叶乔木，又称小叶椴，分布于我国东北、华北和内蒙古地区，北京公园有栽植。单叶互生，柄细长，叶圆状卵形，长4～7cm。花两性，花瓣5枚，黄白色，有香气。聚伞花序，下垂，总梗与大型舌状苞片结合。虫媒花，花期6～7月。

花粉粒扁球形，具3萌发沟。极面观3裂三角形。长赤道面观长椭圆形，长30.70～37.40μm，平均34.10 ± 0.34μm；宽23.30～26.40μm，平均24.90 ± 0.46μm。萌发沟长5.07～7.80μm，平均6.06 ± 0.42μm。外壁表面具细网状纹饰，部分网眼中空，直径0.34～0.68μm，平均0.53 ± 0.02μm；网脊宽0.30～0.54μm，平均0.40 ± 0.01μm。

1

2 | 3 | 4

1. 花序
2. 极面观
3. 短赤道面观
4. 长赤道面观

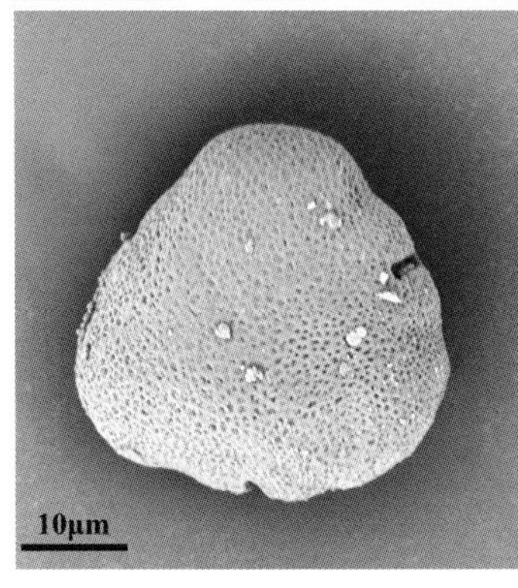

含羞草科

合欢

含羞草科合欢属落叶乔木，又称绒花树、马缨花，我国各地均有栽植。二回偶数羽状复叶，互生，羽片4～12对，小叶10～30对。头状花序生于新枝顶端，成伞房状排列，合瓣花冠，淡黄色；雄蕊多条，花丝细长，粉红色，花药小。虫媒花，花期6～7月。

花粉粒扁球形，正面观近圆形，直径71.50～87.50μm，平均80.80±1.96μm；侧面观椭圆形，高32.40～38.70μm，平均35.47±1.82μm。十六合花粉，中央8粒花粉排列成上下两层，周边为单层8粒花粉，外壁表面具浅网状纹饰。

1

2 | 3 | 4

1. 花序
2. 正面观
3、4. 侧面观

葡萄科

五叶地锦

葡萄科爬山虎属落叶攀缘藤本，又称五叶爬山虎，原产于北美洲，北京公园常见栽植。掌状复叶，具5小叶；小叶长圆状卵形，长5～12cm。花两性，花瓣5枚，黄绿色，聚伞花序成圆锥状。虫媒花，花期6～7月。

花粉粒长椭球形，具3孔沟。极面观3裂圆形。赤道面观长椭圆形，长30.90～38.00μm，平均33.79±0.79μm；宽25.80～29.20μm，平均27.58±0.35μm。萌发沟长26.60～33.30μm，平均29.58±0.91μm。萌发孔直径2.54～6.51μm，平均4.23±0.35μm。外壁表面具网状纹饰，网眼中空，直径0.44～1.06μm，平均0.80±0.06μm；网脊宽0.32～0.63μm，平均0.45±0.02μm。

1. 花序
2. 极面观
3. 赤道面观
4. 萌发沟（孔）

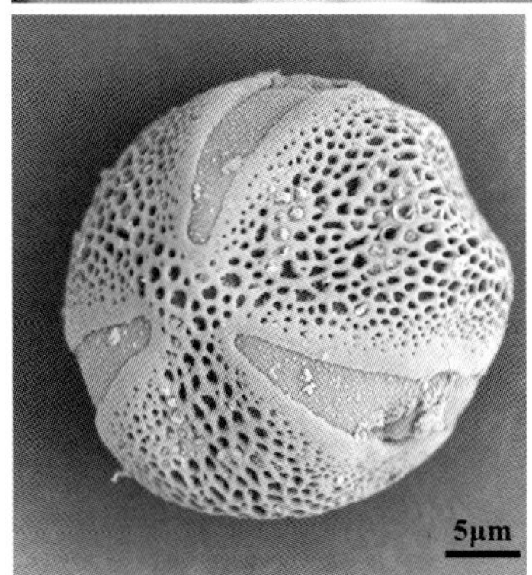

石竹科

肥皂草

石竹科肥皂草属多年生宿根草本，北京公园有栽植。叶椭圆状披针形，长5～10cm。花两性，花瓣5枚，瓣片倒卵形，白色或淡红色，成聚伞圆锥花序。虫媒花，花期6月。

花粉粒近球形，直径34.40～49.00μm，平均42.31±0.79μm；具散孔，整齐排列于花粉粒外壁表面，单面观可见4～6个；孔圆形，凹陷，直径4.13～9.28μm，平均6.20±0.30μm，孔膜具短刺。外壁表面具短刺状纹饰，短刺脱落形成穿孔，4个萌发孔间的短刺数量约30～40个。

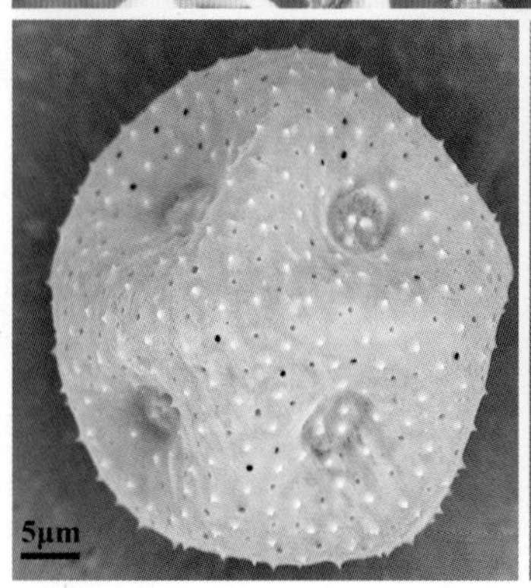

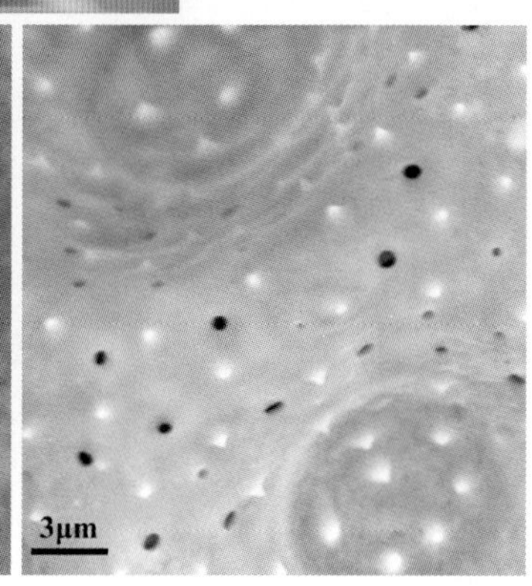

1
2 | 3 | 4

1. 花序
2、3. 整体观
4. 纹饰

石竹

石竹科石竹属多年生草本，生于向阳山坡草地、丘陵坡地和林缘灌丛，北京公园有栽植。叶线状披针形，长3～5cm。花两性，花瓣5枚，瓣片倒卵形，先端淡红色，基部深红色，花单生或1～3朵成聚伞花序。虫媒花，花期6月。

花粉粒近球形，直径31.60～54.90μm，平均44.92±1.52μm；具散孔，整齐排列于花粉粒外壁表面，单面观可见9～14个；孔圆形，凹陷，直径3.38～7.18μm，平均5.62±0.27μm，孔膜具短刺。外壁表面具短刺状纹饰，短刺脱落形成穿孔，4个萌发孔间的短刺数量40～50个。

1.花
2、3.整体观
4.纹饰

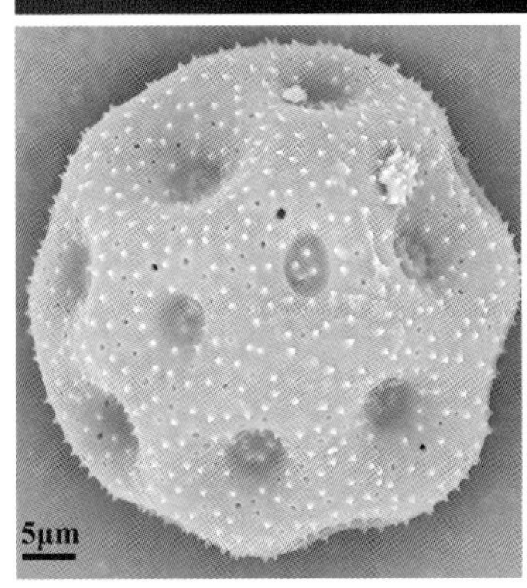

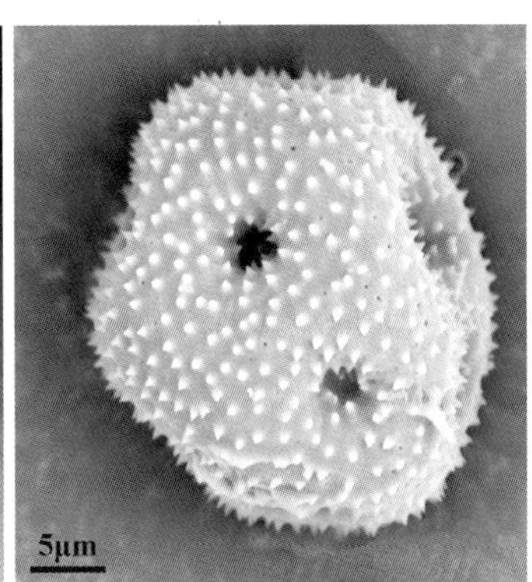

05

7月
开花植物

百合科

麦冬

百合科沿阶草属多年生草本，北京各公园和绿地常见栽植。根常膨大成椭圆形、纺锤形的小块根。总状花序，长2～5cm，花单生或成对生于苞片腋内，花被6片，披针形，白色或淡紫色。虫媒花，花期7～8月，果期8～9月。

花粉粒长椭球形，具远极单沟，异极，两侧对称。长赤道面观舟形，短赤道面观心形，极面观长椭圆形。长赤道轴长34.90～41.20μm，平均38.39 ± 0.78μm；短赤道轴长14.70～21.50μm，平均17.16 ± 0.76μm。外壁表面具浅负网状纹饰，网脊具小穿孔。

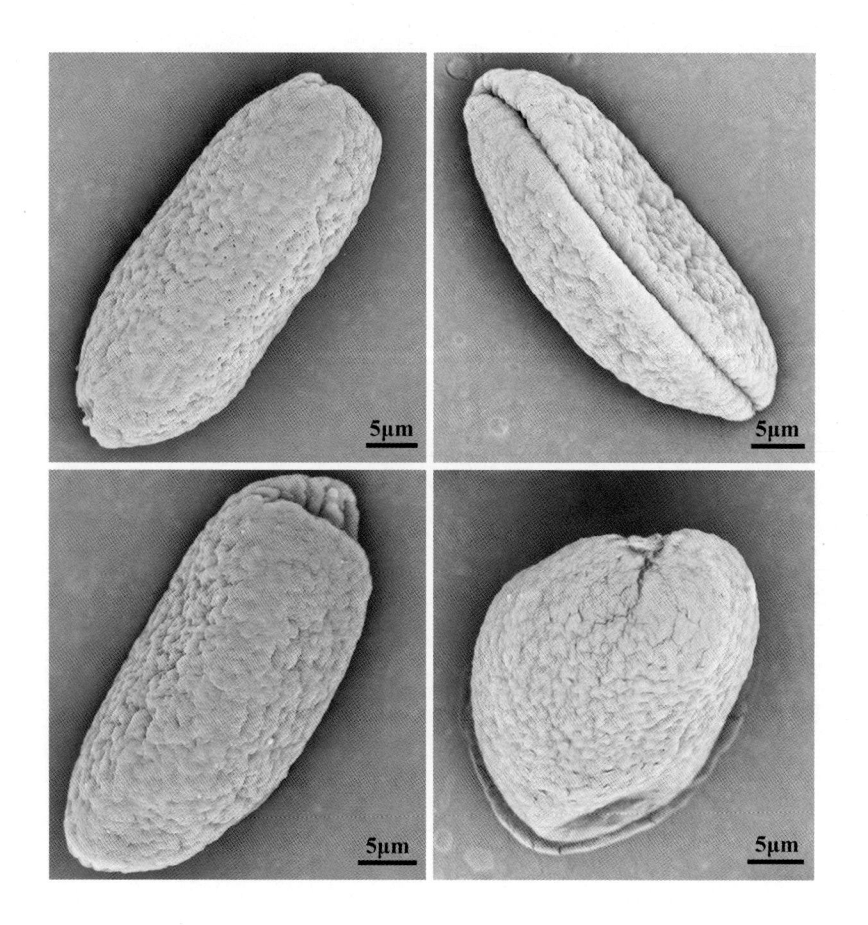

1 | 2
3 | 4

1. 近极面观
2. 远极面观
3. 长赤道面观
4. 短赤道面观

萱草

百合科萱草属多年生草本，原产于我国南部，北京各公园和绿地常见栽植。具肉质肥大的纺锤形根。聚伞圆锥花序，具6～12朵花，花橘红色或橘黄色，无香味，花被6片，两轮排列，各3片，内轮被片中部具红褐色的彩斑，盛开时裂片反卷。虫媒花，花果期5～8月。

花粉粒长椭球形，具远极单沟，异极，两侧对称。长赤道面观舟形，短赤道面观心形，极面观长椭圆形。长赤道轴长93.00～130.00μm，平均118.75 ± 4.60μm；短赤道轴长33.00～41.80μm，平均36.99 ± 1.19μm。外壁表面具网状纹饰，网眼大小不一，脊上有大小不一、排列紧密的瘤状颗粒。

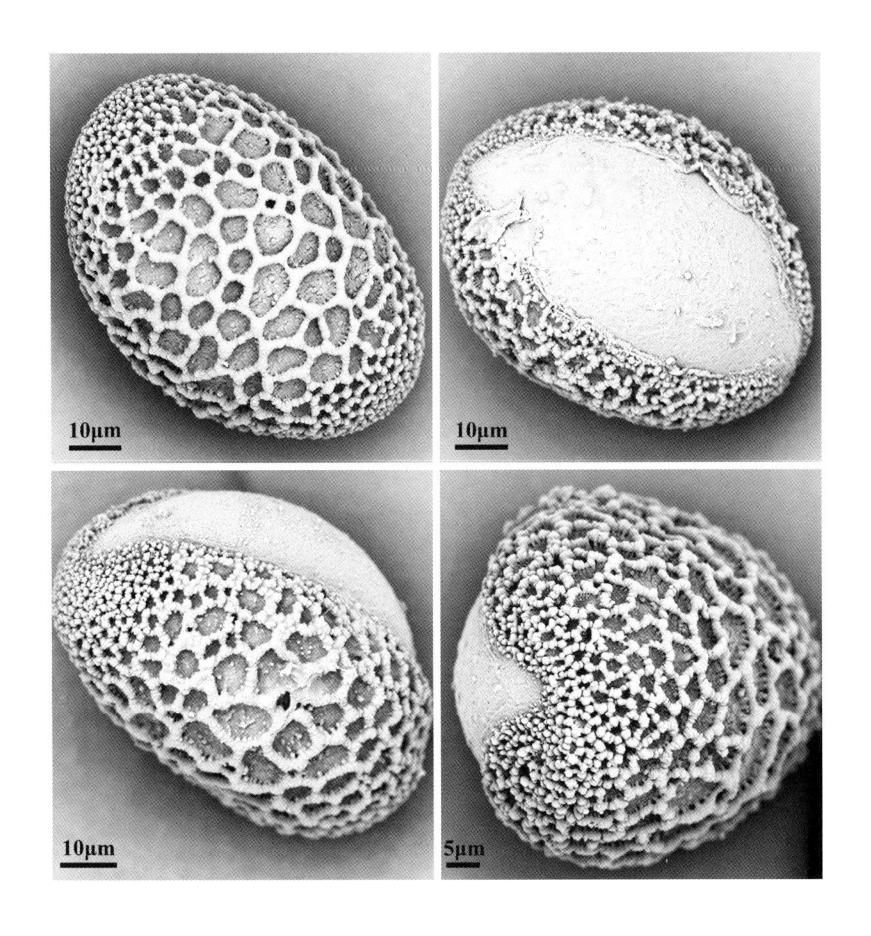

1 | 2
3 | 4

1. 近极面观
2. 远极面观
3. 长赤道面观
4. 短赤道面观

唇形科

假龙头

唇形科假龙头花属多年生宿根草本，原产于北美洲，北京公园有栽植。单叶对生，披针形。花两性，唇形花冠，淡蓝色。穗状花序，顶生。虫媒花，花期7～9月。

花粉粒长椭球形，具3萌发沟。极面观3裂圆形。赤道面观长椭圆形，长65.40～72.30μm，平均68.86 ± 0.84μm；宽34.40～44.70μm，平均40.51 ± 1.16μm。萌发沟长54.10～67.70μm，平均61.59 ± 1.79μm。外壁表面具浅网状纹饰，网脊光滑。

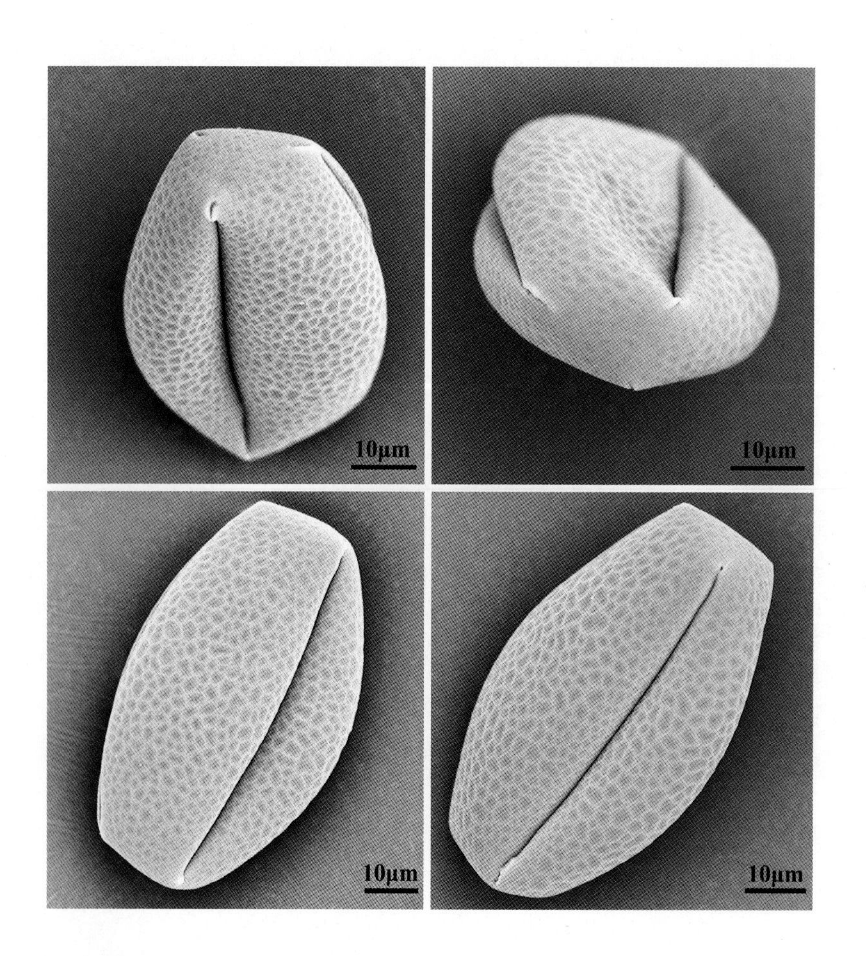

1 | 2
3 | 4

1、2. 极面观
3. 赤道面观
4. 萌发沟

蝶形花科

国槐

蝶形花科槐属落叶乔木，我国各地均有分布，北京常作行道树栽植，现存部分古树，1987年被定为北京的市树。奇数羽状复叶，小叶7～15，卵状长圆形。花两性，蝶形花冠，花瓣5枚，黄白色。圆锥花序，顶生。虫媒花，花期7～8月。

花粉粒长椭球形，具3萌发沟。极面观3裂圆形。赤道面观长椭圆形，长21.00～24.20μm，平均22.74±0.30μm；宽10.30～11.90μm，平均10.87±0.15μm。萌发沟长17.20～20.80μm，平均19.51±0.28μm。外壁表面具细网状纹饰，网眼小，近圆形，部分中空。

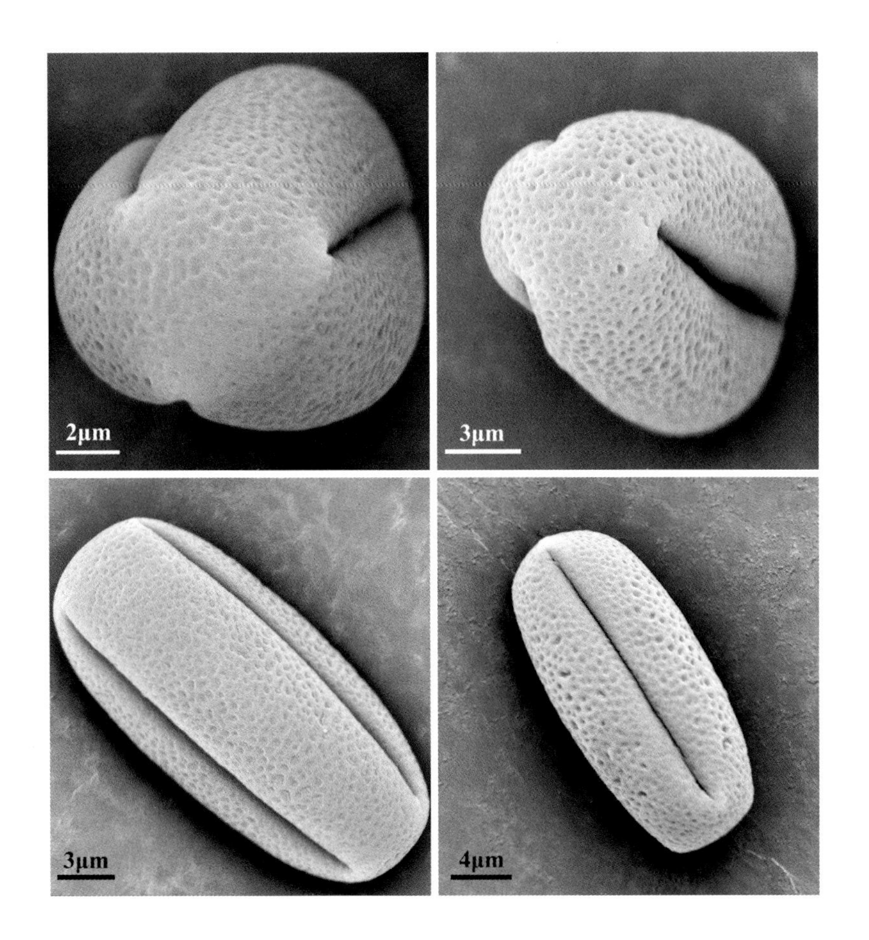

1	2
3	4

1、2. 极面观

3. 赤道面观

4. 萌发沟

桔梗科

桔梗

桔梗科桔梗属多年生草本，北京各公园和绿地常见栽植。花1至数朵，生于茎或分枝的顶端，花萼钟状，无毛，5裂，裂片三角形；花冠蓝紫色，浅钟状，直径约3.5cm，无毛，5浅裂。虫媒花，花期7～9月，果期8～9月。

花粉粒长椭球形，具5萌发沟。极面观5裂圆形，直径37.00～50.30μm，平均42.69 ± 1.34μm。赤道面观长方形，长39.10～48.50μm，平均42.75 ± 1.03μm；宽35.50～47.90μm，平均41.10 ± 1.37μm。外壁表面具细条纹状纹饰和稀疏短刺状纹饰，条纹长短不一，排列不规则。

1
2 | 3 | 4

1. 花
2. 极面观
3. 赤道面观
4. 纹饰

锦葵科

木锦

锦葵科木锦属落叶灌木或小乔木，原产于我国中部地区，我国各地广泛栽植。单叶互生，卵形，3裂。花两性，单生于叶腋，花冠钟形，花瓣5枚，紫色。虫媒花，花期7～9月。

花粉粒球形，萌发孔不明显。直径181.00～197.00μm，平均191.30±1.62μm。外壁表面具刺状纹饰和皱纹状纹饰，刺长14.60～20.60μm，平均17.31±0.54μm；刺间距33.50～59.20μm，平均43.43±2.00μm。

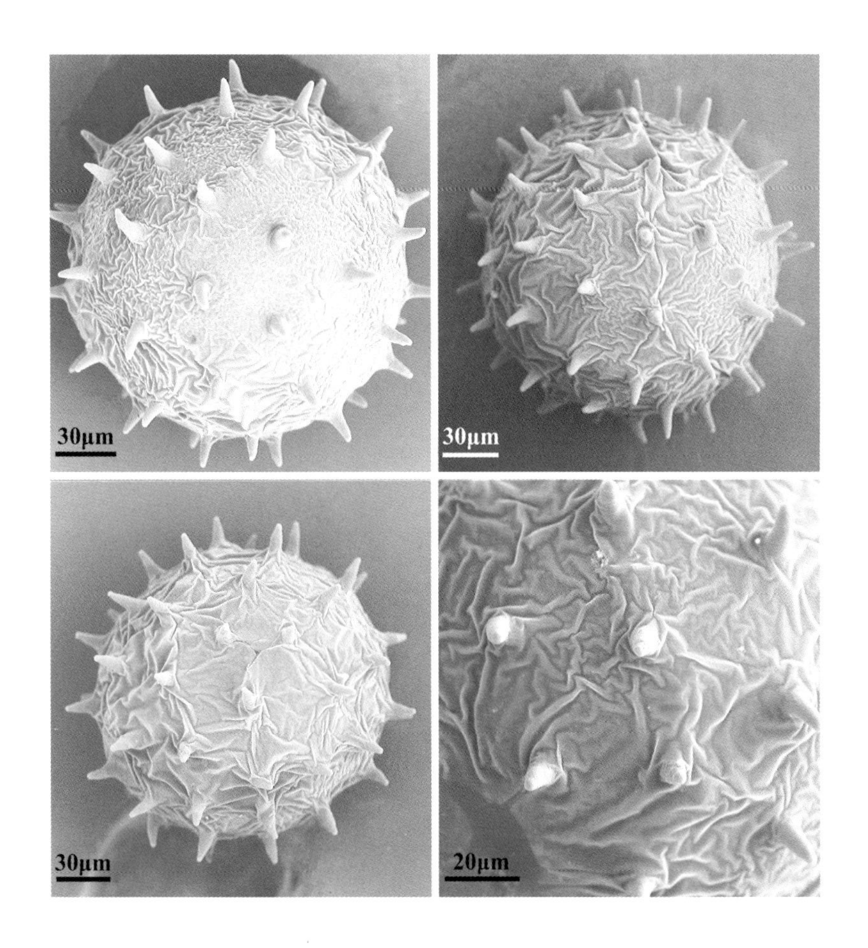

1	2
3	4

1、2、3. 整体观
4. 纹饰

景天科

景天三七

景天科景天属多年生草本，俗称土三七、费菜，分布于我国北方地区，北京公园有栽植。单叶互生，卵状披针形。花两性，花瓣5枚，黄色，长圆状披针形。聚伞花序，顶生。虫媒花，花期7～9月。

花粉粒长椭球形，具3萌发沟。极面观3裂圆形。赤道面观长椭圆形，长25.20～28.90μm，平均27.26 ± 0.34μm；宽11.10～13.50μm，平均12.06 ± 0.20μm。萌发沟长22.10～26.10μm，平均24.36 ± 0.47μm。外壁表面具短条纹状纹饰和小穴状纹饰，条纹交错排列。

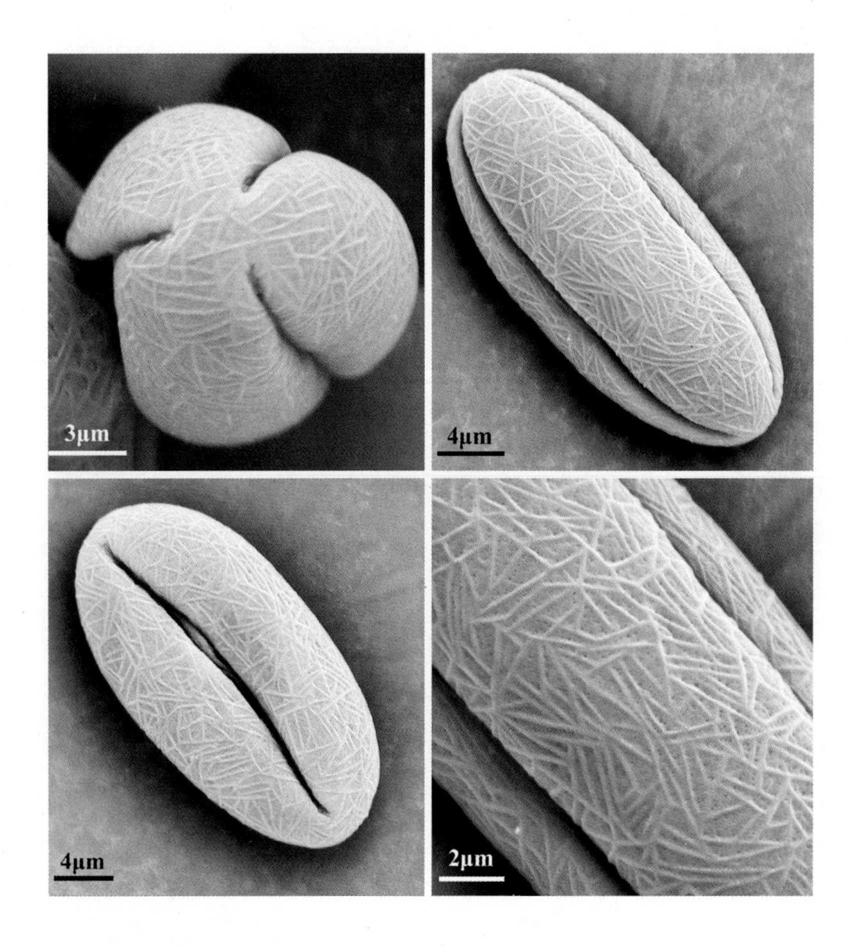

1	2
3	4

1.极面观

2、3.赤道面观

4.纹饰

菊科

一枝黄花

菊科一枝黄花属多年生草本，生于林下、灌丛、草甸或林中空地，北京公园有栽植。叶互生，卵形至长圆状披针形。花两性，头状花序排列成总状，顶生。虫媒花，花期7～9月。

花粉粒长椭球形，具3萌发沟。极面观3裂圆形。赤道面观长椭圆形，长29.00～32.90μm，平均31.14±0.60μm；宽21.20～22.20μm，平均21.64±0.14μm。外壁表面具小穴状纹饰和刺状纹饰，刺长1.71～2.32μm，平均1.91±0.07μm。

1	2
3	4

1. 极面观
2、3. 赤道面观
4. 萌发沟

千屈菜科

千屈菜

千屈菜科千屈菜属多年生草本，生于河岸、湖畔、溪沟边和潮湿草地，北京公园中广泛栽植。叶对生或3叶轮生，披针形。花两性，单生叶腋，花瓣6枚，紫色，总状花序，顶生。虫媒花，花期7～9月。

花粉粒长椭球形，具6萌发沟，其中3条具萌发孔，间隔排列。极面观6裂圆形。赤道面观长椭圆形，长39.80～47.00μm，平均44.34 ± 1.05μm；宽27.50～30.70μm，平均28.69 ± 0.39μm。萌发沟长30.50～42.60μm，平均36.66 ± 1.68μm。萌发孔孔膜向外突起。萌发孔长6.42～8.64μm，平均7.59 ± 0.20μm；宽3.15～7.86μm，平均5.34 ± 0.58μm。外壁表面具条纹状纹饰，网脊宽0.31～0.47μm，平均0.38 ± 0.01μm；脊间具穿孔。

1.花序
2.极面观
3.赤道面观
4.萌发沟（孔）

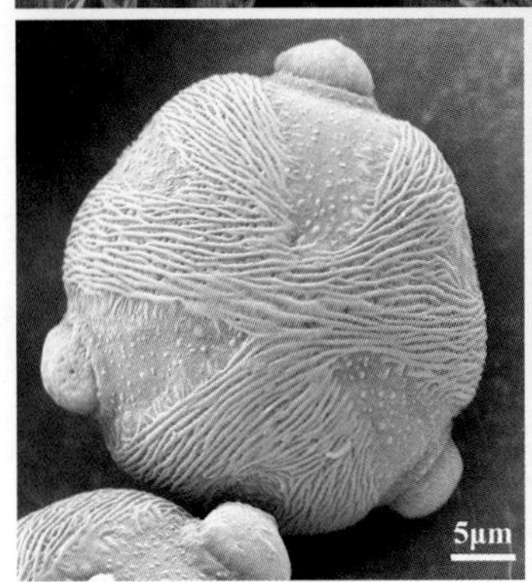

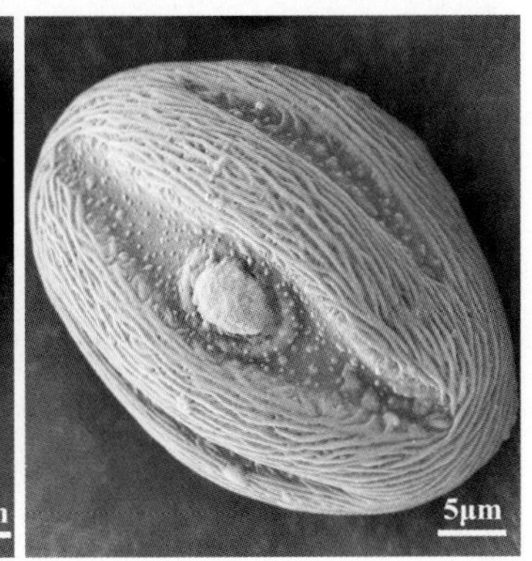

紫薇

千屈菜科紫薇属落叶灌木，原产于我国，北京公园绿地广泛栽植。单叶对生，椭圆形或倒卵形，几无柄。花两性，花瓣6枚，红色、紫色或白色，成大型圆锥花序，顶生或腋生。虫媒花，花期7～9月。

花粉粒长椭球形，具3孔沟。极面观3裂三角形。赤道面观长椭圆形，长39.80～47.30μm，平均42.96±0.98μm；宽27.30～32.00μm，平均29.45±0.53μm。萌发沟长24.80～32.70μm，平均29.45±0.83μm，沟膜具颗粒状突起。萌发孔长圆形，具孔膜。外壁表面具拟网状纹饰，网脊较宽，网眼较小，形状不一。

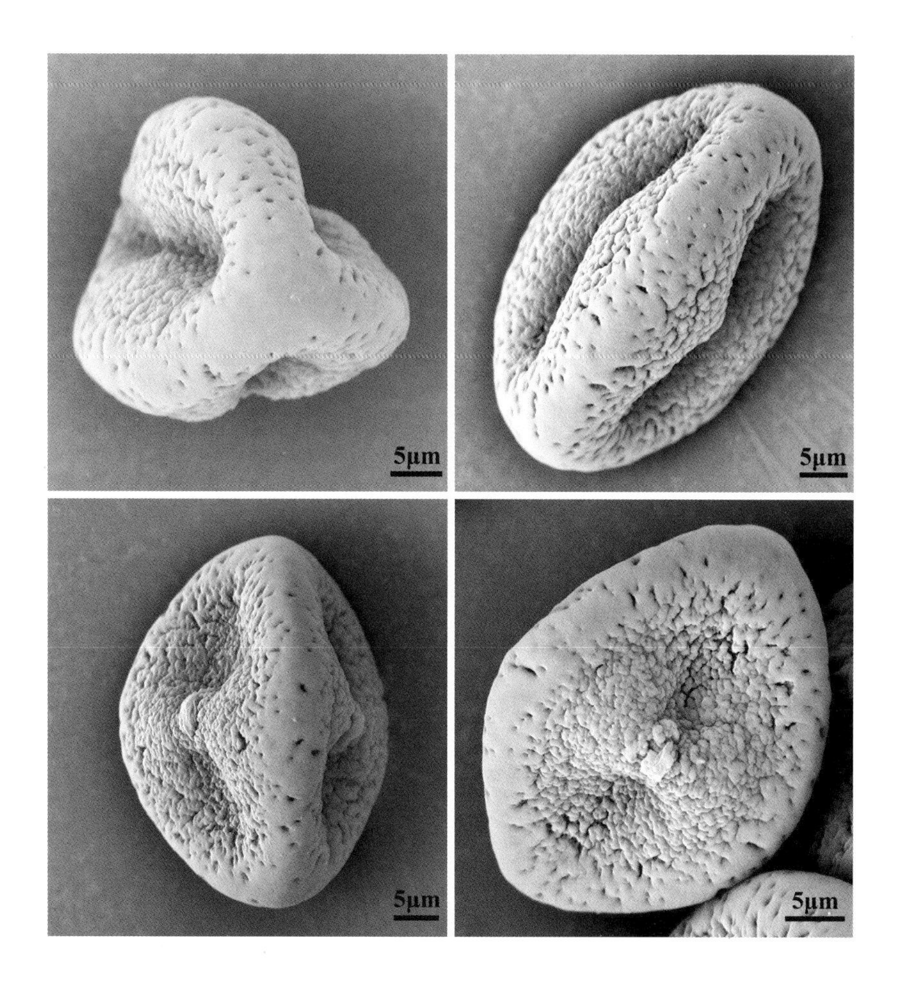

1	2
3	4

1.极面观

2、3.赤道面观

4.萌发沟（孔）

无患子科

栾树

无患子科栾树属落叶乔木，原产于我国北部和中部，北京公园绿地广泛栽植。奇数羽状复叶或二回羽状复叶，互生。花两性，花瓣4枚，披针形，黄色，成大型圆锥花序，顶生。虫媒花，花期6～8月。

花粉粒长椭球形，具3萌发沟。极面观3裂圆形。赤道面观长椭圆形，长30.50～34.70μm，平均32.19 ± 0.38μm；宽17.20～22.70μm，平均19.18 ± 0.45μm。萌发沟长25.10～30.30μm，平均27.44 ± 0.46μm。外壁表面具条网状纹饰，网脊宽0.22～0.56μm，平均0.36 ± 0.02μm；上层纵向排列，下层横向排列，交错形成条网状，网脊间具穿孔。

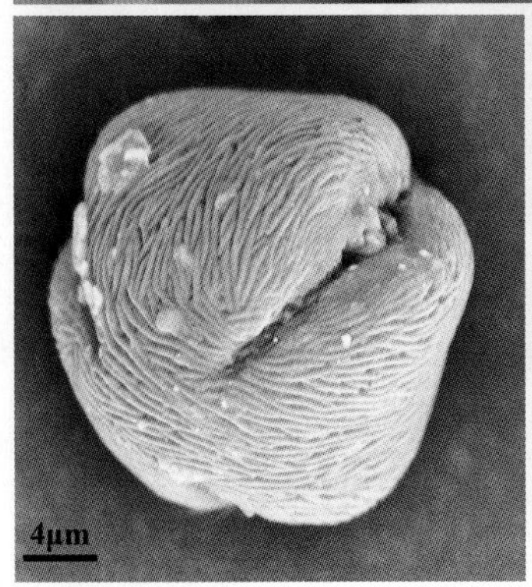

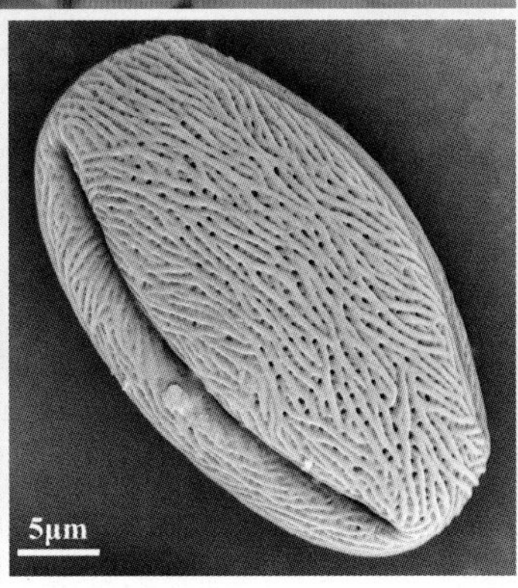

1

2 | 3 | 4

1. 花序
2. 极面观
3. 赤道面观
4. 萌发沟

06

8月
开花植物

禾本科

虎尾草

禾本科虎尾草属1年生草本，我国各地均有分布，北京地区极常见杂草，多生于沟边、路旁和荒地上。花两性，穗状花序，长约3～5cm，4～10个簇生于茎顶，呈指状排列。风媒花，花期8月。

花粉粒近球形，具远极单孔、具孔盖，孔盖凹陷，孔环稍突起；赤道面易凹陷。花粉粒长26.60～31.60μm，平均29.18±0.42μm；宽24.30～27.40μm，平均25.95±0.38μm。萌发孔圆形，直径2.54～3.46μm，平均2.93±0.16μm；孔盖直径约1.15μm。外壁表面具颗粒状纹饰，颗粒大小不一，分布不均匀。

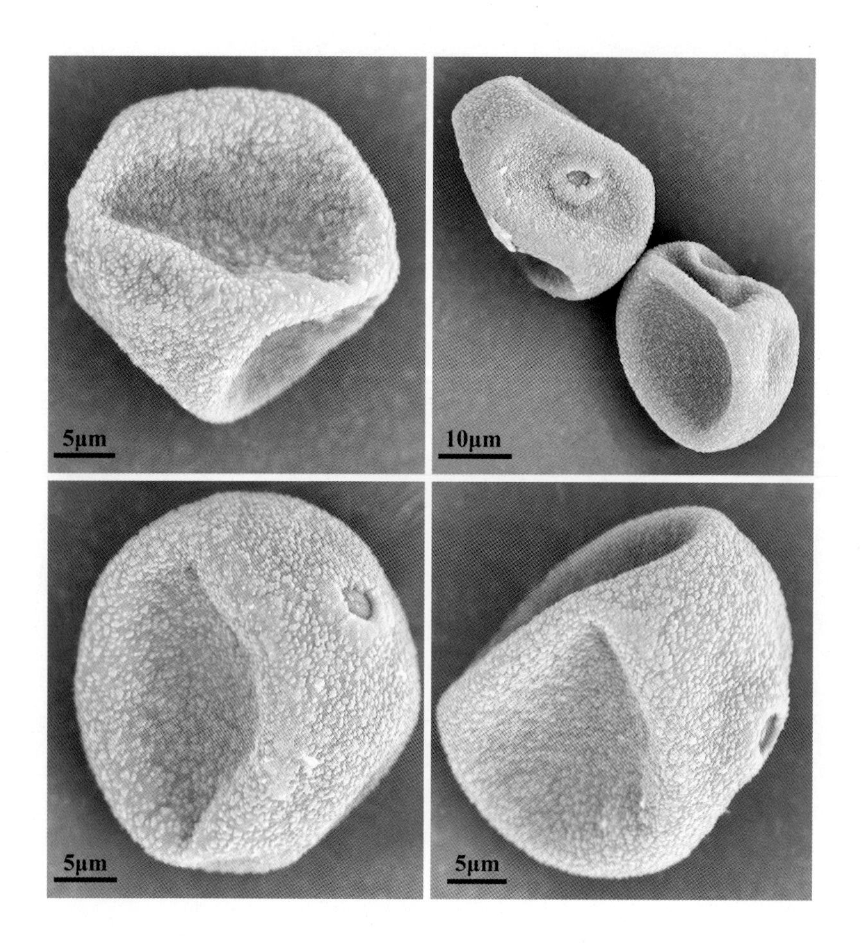

1	2
3	4

1.近极面观
2.远极面观
3、4.赤道面观

茜草科

茜草

茜草科茜草属多年生攀缘草本，分布于我国大部分地区，北京极常见杂草，多生于沟边、路旁和荒地上。茎4棱，叶通常4叶轮生，茎棱、叶柄、叶缘有倒刺。花两性，黄白色，5裂，聚伞花序成圆锥状，顶生或腋生。虫媒花，花期8月。

花粉粒长球形，具6萌发沟。极面观6裂圆形，赤道面观长椭圆形，长18.60～20.30μm，平均19.43±0.15μm；宽10.90～13.20μm，平均12.13±0.21μm。萌发沟长14.10～17.30μm，平均15.47±0.29μm。外壁表面具短刺状和小穴状纹饰。

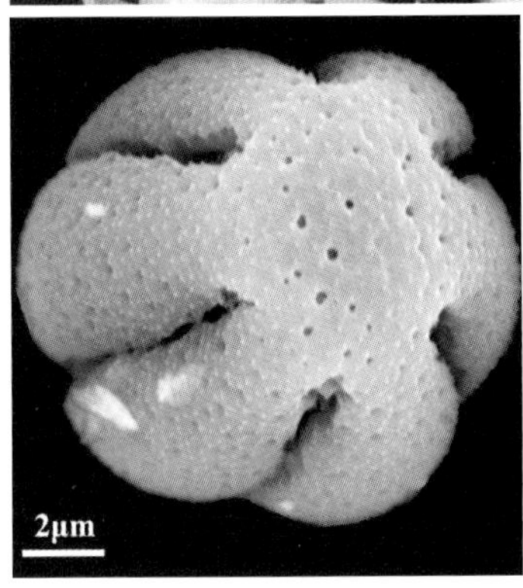

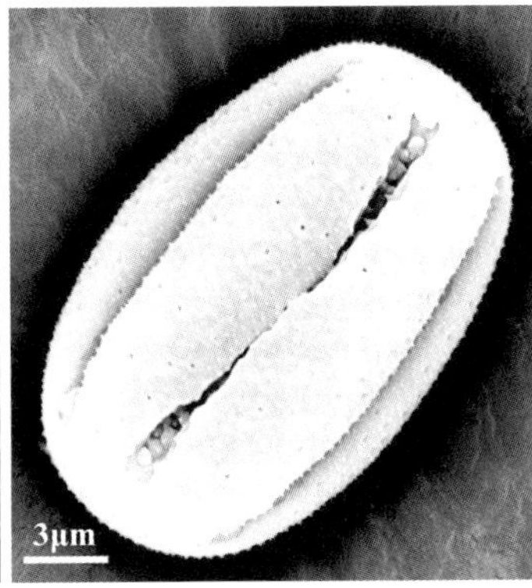

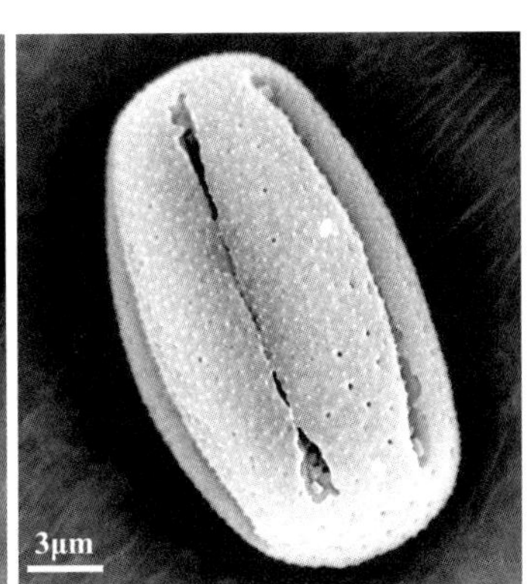

1
2 | 3 | 4

1. 花序
2. 极面观
3、4. 赤道面观

07

9月
开花植物

菊科

青蒿

菊科蒿属1年生草本，北京常见杂草，多生于沟边、路旁和荒地上。中部叶长圆形，二回羽状深裂，裂片长圆状线形；上部叶小，羽状浅裂。头状花序排成圆锥状，花杂性，边花雌性，中央花两性，均结实。风媒花，花期9月。

花粉粒球形，具3孔沟。极面观3裂圆形，直径14.10～17.80μm，平均16.10±0.38μm。赤道面观椭圆形，高13.30～17.90μm，平均15.09±0.44μm。萌发沟长10.00～15.72μm，平均12.53±0.61μm；中央为圆形萌发孔，孔膜向外突起。外壁表面具细颗粒状和短刺状纹饰。

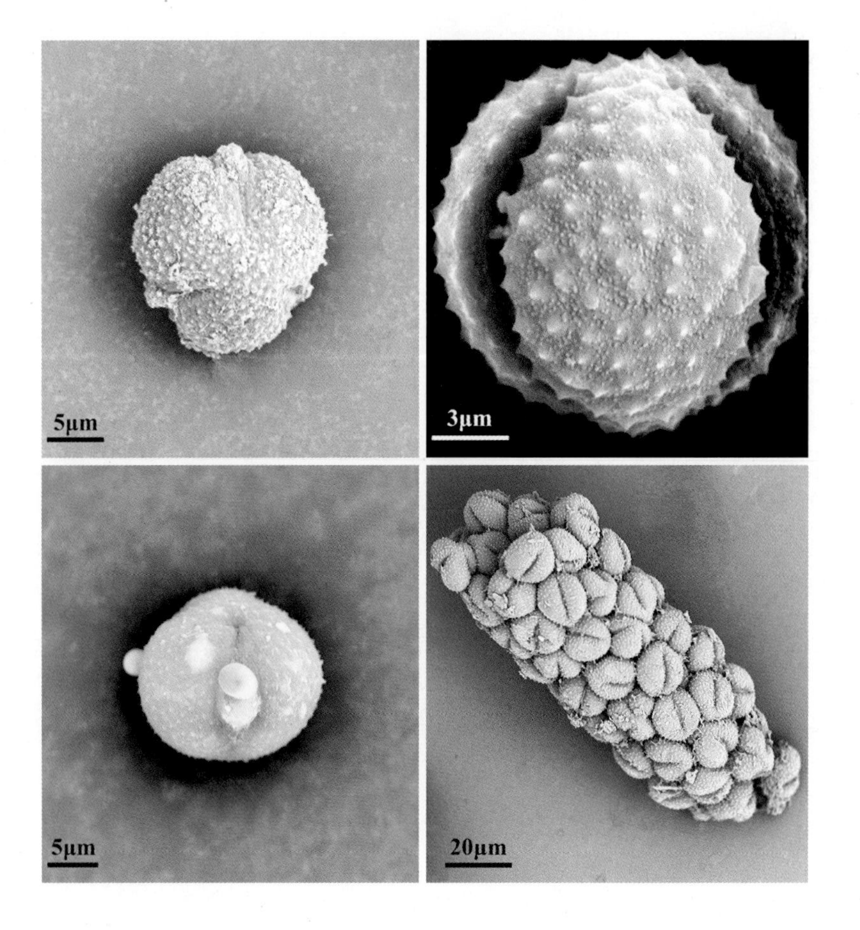

1 | 2
3 | 4

1. 极面观
2. 赤道面观
3. 萌发孔(沟)
4. 未散开花粉

桑科

葎草

桑科葎草属1年生缠绕草本，又名拉拉秧，北京常见杂草，多生于沟边、路旁和荒地上。茎和叶柄密生倒刺，叶掌状5～7深裂。花单性，雌雄异株，雄花序圆锥状，顶生或腋生。风媒花，花期9月。

花粉粒球形，具3萌发孔。极面观和赤道面观均为圆形，直径17.90～21.80μm，平均19.71±0.29μm。萌发孔圆形，直径1.14～2.17μm，平均1.71±0.06μm；孔环突起，具孔膜。外壁表面具短刺状纹饰，分布不均匀。

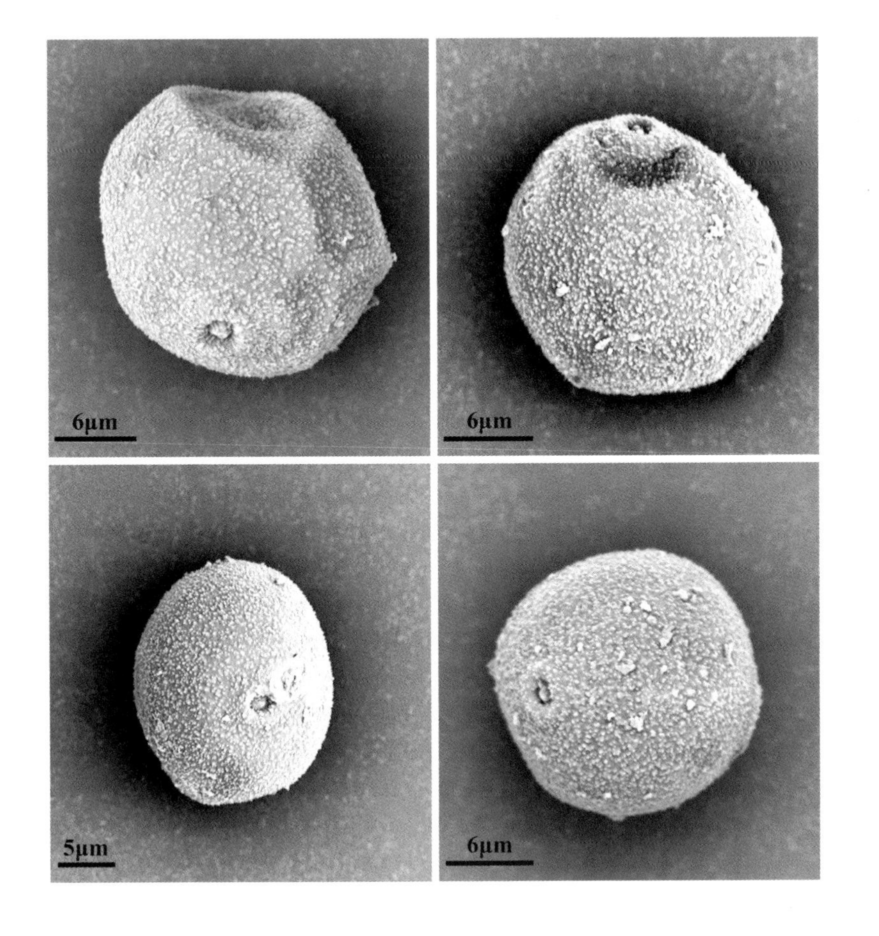

1 | 2
3 | 4

1、2.极面观

3、4.赤道面观

08

11月
开花植物

松科

雪松

松科雪松属常绿乔木，原产于喜马拉雅山地区，北京作为庭院树种栽植。叶针形，在长枝上螺旋状排列，在短枝上簇生。花单性，雌雄同株，雄球花圆柱形，长2～3cm。风媒花，花期11月上中旬，北京未见结球果。

花粉粒具2个气囊和1远极沟。近极面观椭圆形，气囊不可见；远极面观气囊长半圆形，两气囊紧靠，沟细长。短赤道面观蘑菇形；长赤道面观帽形，体与气囊间凹角不明显。花粉粒长58.60～84.20μm，平均73.24 ± 2.56μm；宽40.60～61.90μm，平均50.47 ± 2.59μm。体宽43.30～58.50μm，平均53.48 ± 1.49μm。气囊宽27.70～49.80μm，平均38.89 ± 1.66μm。体外壁表面具芽孢颗粒状纹饰；气囊表面周边具芽孢颗粒状纹饰，中部具负网状纹饰。

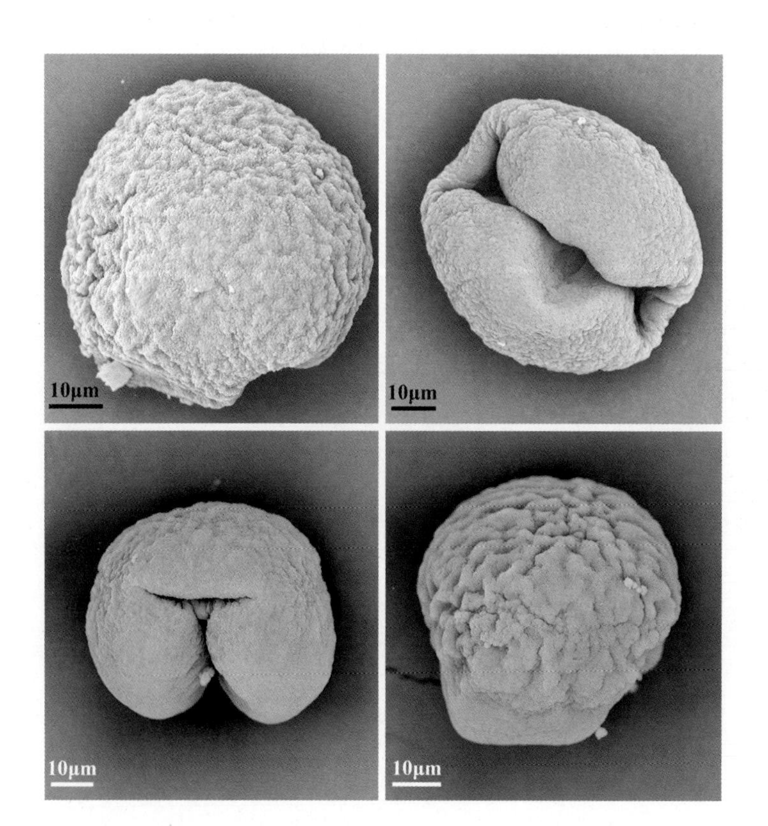

1 | 2
3 | 4

1. 近极面观
2. 远极面观
3. 长赤道面观
4. 短赤道面观

主要参考文献

曹丽敏, 夏念和, 曹明, 等. 中国无患子科的花粉形态及其系统学意义[J]. 植物科学学报, 2016, 34(6): 821–833.

董连新, 关雪莲. 新疆石竹属 8 种植物的花粉形态[J]. 植物研究, 2009, 29(6): 647–650.

贺士元, 邢其华, 尹祖棠, 等. 北京植物志(上、下册)[M]. 北京: 北京出版社, 1984.

李天庆, 曹慧娟, 康木生, 等. 中国木本植物花粉电镜扫描图志[M]. 北京: 科学出版社, 2011.

刘炳伦. 我国罂粟科(Papaveraceae)植物的花粉形态[J]. 植物研究, 1984, 4(4): 61–81.

马玉心, 李强, 崔大练. 东北19种禾本科植物花粉形态研究[J]. 植物研究, 2004, 24(2): 175–178, 264–266.

乔秉善. 中国气传花粉和植物彩色图谱(第二版)[M]. 北京: 中国协和医科大学出版社, 2014.

田焕新. 中国长白山地区植物花粉形态及其分类意义[D]. 合肥: 安徽大学, 2017.

王镜泉. 甘肃杨柳科花粉形态研究[J]. 植物学报, 1985, 27(6): 594–598.

席以珍. 水杉花粉外壁超微结构的观察[J]. 植物学报, 1988, 30(6): 644–649.

解新明. 草资源学[M]. 广州: 华南理工大学出版社, 2009.

杨春蕾, 周忠泽, 周非, 等. 皖南山区肖坑林场秋季植物花粉形态特征分析[J]. 植物资源与环境学报, 2012, 21(2): 1–12.

杨德奎, 王善娥, 郭小燕, 等. 山东鸭跖草科植物的花粉形态研究[J]. 山东师范大学学报(自然科学版), 2005, 20(3) : 80–82.

杨德奎. 百合属植物花粉亚显微形态研究[J]. 山东科学, 2011, 24(2): 21–23, 40.

杨晓杰, 杨卓, 付学鹏, 等. 管花蒲公英及近缘种孢粉学特征及其分类学意义[J]. 种子, 2020, 39(5): 69–72.

殷广鸿. 公园常见花木识别与欣赏[M]. 北京: 中国农业出版社, 2010.

张彦妮, 钱灿. 12种百合属植物花粉形态扫描电镜观察[J]. 草业学报, 2011, 20(5): 111–118.